対称性
不変性の表現

Ian Stewart 著

川辺 治之 訳

SCIENCE PALETTE

丸善出版

Symmetry
First Edition

A Very Short Introduction

by

Ian Stewart

Copyright © Joat Enterprises 2013

All rights reserved. No part of this book may be reproduced or transmitted in any form or by any means, electronic or mechanical, including photocopying, recording or by any information storage retrieval system, without the prior written permission of the copyright owner.

"Symmetry: A Very Short Introduction, First Edition" was originally published in English in 2013. This translation is published by arrangement with Oxford University Press. Maruzen Publishing Co., Ltd. is solely responsible for this translation from the original work and Oxford University Press shall have no liability for any errors, omissions or inaccuracies or ambiguities in such translation or for any losses caused by reliance thereon. Japanese Copyright © 2013 by Maruzen Publishing Co., Ltd.
本書は Oxford University Press の正式翻訳許可を得たものである.

Printed in Japan

目　次

はじめに　1

第 1 章　対称性とは　5

第 2 章　対称性の起源　27

第 3 章　対称性の分類　50

第 4 章　群の構造　78

第 5 章　群とパズル　89

第 6 章　自然のパターン　106

第 7 章　万物の法則　130

第 8 章　対称性の原子　149

訳者あとがき　162

参考文献　164

索　引　167

はじめに

　対称性は，きわめて重要な概念である．対称的な形態に魅力を感じるのは，人のもって生まれた知覚の特質であるように思われ，何千年にもわたり芸術や自然哲学に影響を及ぼしてきた．近年では，対称性は，数学や科学において必要不可欠なものになり，その応用は原子物理学から動物学にまで及ぶ．自然法則はどの場所どの時刻でも同じであるべきだというアインシュタインの原理は，基礎物理学の根幹をなし，自然法則それぞれに対応する対称性を要請する．しかし，何千年もの間，対称性の概念は，図形や構造の規則正しさを暗に記述していたにすぎなかった．そのよくある例は，左右対称，すなわち鏡映対称であった．たとえば，人の体や顔つきはその鏡像とほとんど同じに見える．折にふれて，対称性という語は，ヒトデの5回対称性や雪の結晶の6回対称性のような回転対称と関連して使われることもあった．これらで主として焦点が当てられているのは，形状の幾何学的性質としての対称性であったが，ときには，たとえば社会的論争において両陣営を同等に扱うべきだというような隠喩的な意味で，対称という語が使われることもあった．この対称性の概念が明確にならなければ，対称性のもっと深い意味合いが発見されることはなかったであろう．対称性の概念に

よって，数学者と科学者は，私たちの暮らすこの世界に対称性がどのように影響するかを調べるための確固たる基盤を得ることができた．

今日の形式的な対称性の概念は，芸術や社会学から生まれたのではない．また，幾何学から生まれたわけでもない．その最初の発生は代数学であり，代数方程式の解の研究から対称性が形作られた．代数方程式の解の公式は，変数を入れ換えても値が変わらないならば，対称性がある．1800年代には，何人かの数学者，とくにニールス・ヘンリック・アーベルとエヴァリスト・ガロアは，一般の5次方程式を理解しようと試みた．彼らは，関連するが異なる方法で，一般の5次方程式は従来からある（「べき根」を用いた）いかなる種類の公式によっても解けないことを証明した．二人の証明はいずれも，方程式の解法と多項式の根についての対称な関数の間の関係を分析している．そこから生まれたのは，置換群という新たな代数的概念である．

数学者がこの新しい概念に慣れるまでの停滞した時期を過ぎると，代数だけではなく数学のさまざまな領域で置換群によく似た構造が自然に生じることが明らかになってきた．このような領域には，複素関数論や結び目理論も含まれる．一般的でさらに抽象的な群の定義が登場し，群論という新たな分野が生まれた．当初，この分野の多くの成果は代数的なものであったが，フェリックス・クラインがどのような種類の幾何学においても意味をなす概念とその幾何学の基礎をなす変換群の間の深い結びつきを指摘した．この結びつきによって，ある幾何から別の幾何へと定理を移せるようになり，その時点でどうしようもなく増えつつあったユークリッド幾何，球面幾何，射影幾何，楕円幾何，双曲幾何，アフィン幾何，反転幾何，位相幾何といっ

た幾何学は統合された．

　同時期に，結晶学者は，結晶の原子格子の対称性を考えるとさまざまな種類の結晶を分類するのに群論が使えることに気づいた．化学者は，分子の対称性がそれらの物理的振る舞いにいかに影響するかを理解し始めた．一般性のある定理によって，力学系の対称性はエネルギーや角運動量などの主要な古典的保存量と結びついた．

　動物の模様，歩容，波，地球の形状，銀河の構造など多くの応用では，対称性は見た目によく分かるテーマである．対称性は，物理学の根幹をなす理論である相対論や量子論の基礎をなす．そして，これらの理論を包含した統一理論は現在も探究が続けられており，対称性はその探究の出発点になっている．これは，この Very Short Introduction シリーズにとって申し分のないテーマである．私の狙いは，対称性の歴史的起源，そのいくつかの重要な数学的特徴，生物を含めた自然界におけるパターンとの関連，パターンの形成や基礎物理への応用などを論じることである．

　話は，日常生活に関係する対称性の簡単な例から始める．これらの例から，大きな発想の転換が生まれる．それは，その対象自体の見かけが対称なのではなく，対称変換をもつという理解である．これらの対称変換は，ある対象をそのままにする変換である．この着想は，数学的な等式や代数的構造といったさらに抽象的な対象の対称性へと拡張され，一般的な群の概念に至る．そして，証明はしないが，この分野のいくつかの基本的定理を述べて，それらへの関心を喚起させる．

　つぎに，数多くある対称変換のうちのいくつかを紹介する．それは，平行移動，回転，鏡映，置換などである．これらの変

換は相まって，数学にも科学にも必要不可欠な多くの対称的な構造へとつながる．それは，巡回群および二面体群による対称性，フリーズ模様，格子，壁紙，正多面体，そして結晶群である．軽い息抜きとして，馴染みのあるパズルである 15 パズル，ルービックキューブ，数独に群論が適用できることを論じる．

対称性を詳細に理解した上で，自然のパターン，とくに日常生活に馴染みのあるものが，いかにして対称性を用いて記述や説明できるかを調べる．取り上げる例は，結晶，水の波，砂丘，地球の形状，渦巻銀河，動物の模様，貝殻，動物の歩容，そしてオウムガイの貝殻などである．これらの例は，パターンを形成する一般的な機構である対称性の破れという概念へとつながる．

これをさらに深く掘り下げて，数理物理学の基本的な方程式に対して対称性が与える根本的な影響を調べる．今やリー群として概念化されている運動方程式の対称性は，ネーターの定理を介して基本的な保存量と密接な関係にある．そしてその中でも重要なクラスである単純リー群は，完全に分類されている．リー群は相対論や量子力学にも現れ，統一場の理論を探求する足がかりになっている．この統一場の理論は，超弦理論などのいわゆる万物の理論である．

数理物理学に必要不可欠な群は，驚くべき方法で対称性の数学的基礎に反映された．その研究は，20 世紀の数学の偉大な業績の一つであるすべての有限単純群の壮大な分類の重要な部分を担っている．有限単純群は，交代群，単純リー群の実数または複素数を有限体で置き換えて得られる有限の類似物とその仲間，そして，26 種類の悩ましい「散在」群に分類される．その散在群の頂点に位置するのは，モンスターと呼ばれる恐ろしく巨大でひときわ注目に値する群である．

第1章
対称性とは

　連絡船の上で退屈した3人の子供たちがゲームをして時間をつぶしている．そのゲームは，子供たち自身以外に道具を必要としない，じゃんけんである．自分の手を背後に隠し，それからそれを同時に見せる．石は鋏の刃を欠き，鋏は紙を切り，紙は石を包む．

　遠くでは，波が砂浜に打ち寄せ，陸地に達すると壊れてしまう．一見したところ，波は無限に続く平行な水の尾根である．

　空の半分には，厚い灰色の雲の層が夕立を降らせている．残りの半分では明るい太陽の光があたって，七色の虹が天空を横切っている．

　自転車に乗った男子生徒が通り過ぎ，軽やかに道路を走っていく．

　男子生徒は足を止めて，連絡船が着岸するの見ている．彼は，二等辺三角形に関する幾何学の宿題をしなければならないことで，憂鬱な気分になっている．彼の先輩らと同じく，彼も「ロバの橋」でつまづいている．それは，二等辺三角形の底辺を挟

む2角が等しいのはなぜかというものだ．彼にとって，ユークリッドの証明は，あやふやで理解不能であった．

＊＊＊

ユークリッドを登場させたのは，日常生活におけるこれらの情景にある種の数学的意味があることの分かりやすいヒントを与えるためである．実際，言葉で切り出した五つの情景すべてに共通する主題がある．それは対称性である．子供たちのゲームは対称である．それぞれの子供がどの手を選んだとしても，有利にも不利にもならない．浜辺に打ち寄せる波は，対称的である．すべての波は，どれもほとんど同じに見える．虹は美しく，見事に均衡した形をしていて，これがしばしば隠喩的な意味で対称性と結びつけられる所以であるが，それ以上に文字通りの対称性もある．その色のついたアーチは円弧を描き，実際に円はきわめて対称的である．それが円を完璧な形態と古代ギリシアの哲学者が考えた理由かもしれない．自転車のそれぞれの車輪もまた円形であり，自転車がうまく走れるのは円の対称性のおかげである．完璧な形というのは主観的で，機械的な構造に対しては適切でないが，対称性はきわめて重要である．男子生徒は，古代ギリシアの数学者の考え方を理解しようしているが，ユークリッドの証明に隠された対称性にまだ気づいておらず，思うように宿題を進められない．その対称性は，問題全体をただ一つの自明な主張に帰着させるものであり，彼がそう考えることができるのはユークリッドの文化のおかげである．

　ここまでに「対称」という言葉を何度も使ったが，それが何であるかは説明しなかった．そして，それを説明するには，今はまだ時期尚早である．それは，単純だが繊細な概念である．こ

れらの例から一般的な定義が浮かび上がってくるだろうが，まずは，もっとも単純でもっとも直接的なものから始めて，それぞれの例を順に検討してみよう．

自 転 車

　なぜ車輪は円形なのか．それは，円が滑らかに転がることができるからである．車輪が平らな地面を転がるとき，その一連の位置は図1のようになる．車輪は，それぞれの位置とそのつぎの位置の間である角度だけ回転しているが，図を見てもその違いは分からない．円が移動していることは分かるが，円そのもののどこに違いがあるのかは分からない．しかしながら，円周上に印をつけておくと，その移動距離に比例した角度だけ円が回転したことが分かるだろう．車輪には円の対称性がある．円周上のすべての点は，円の中心から等距離にある．したがって，車輪は平らな地面に沿って転がることができ，その中心は常に地面から同じ高さにある．そこが車軸を通すところである．

　でこぼこの地面でも，その凹凸がなだらかであるか問題にならないくらい小さければ，円でうまくいく．道路を再設計するという贅沢を味わえるのであれば，転がす形状として円の対称性は必要でも十分でもない．道路が図2（左）のような上下逆にした

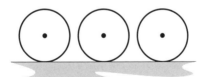

図1　車輪がうまく働く理由．

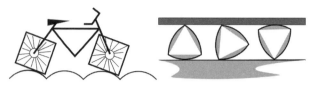

図2 左：正方形の車輪にあう道路．右：任意の定幅曲線は「ころ」として用いることができる．

懸垂線の場合は，正方形の車輪で動きは多少ぎくしゃくするが，かなりうまくいく．実際，与えられた任意の形状の車輪に対して，一定の高さを保って走ることのできる道路が存在する．これについては，レオン・ホールとスタン・ワゴンの 'Roads and wheels', Mathematics Magazine 65 (1992) 283-301 を参照のこと．円でない一定幅の形状は車輪には向かないが，「ころ」としては完全に機能する．そのようなもっとも単純な形状は，図2（右）に示した白い正三角形のそれぞれの頂点を中心として残りの2頂点を通る円弧によって構成される．

虹

なぜ虹はあのように見えるのだろうか．誰しもがその色に注目し，いつもその答えとして，白色光をそれを構成する色に分解するプリズムのように水滴が振る舞うからだと言われる．しかし，虹の形状についてはどうだろうか．なぜ虹は，一連の鮮やかな帯によって，みごとなアーチを空に形作るのだろうか．虹の形状を無視することは，シダがなぜ緑色であるのかを説明して，なぜそのような形状であるのかを説明しないようなものだ．

虹についての通常の説明で主として問題なのは，それぞれの

水滴がプリズムとして振る舞うとしても,水滴はプリズムのような形ではないにもかかわらず,広範囲に拡散している何百万もの水滴によって虹ができることである.なぜ,これらの色のついた光線が互いに邪魔しあって,ぼんやりと不鮮明なパターンを作ることはないのか.なぜ,光の帯が集まっているように見えるのだろうか.なぜ,いくつかの色がくっきり浮き出るのだろうか.

その答えは,球状の水滴を通過する光の幾何学にある(ついでながら,水滴は尖った角をもたないので,それがプリズムの働きをする理由を知るためにも光の幾何学を理解しておく必要がある).太陽からくる平行な光線のびっしりと詰まった束が,小さな一つの水滴にあたったと想像しよう.プリズムの実験で分かるように,それぞれの光線は,実際には多くの相異なる色の光線の寄せ集めである.したがって,まず1色だけを考えると問題は簡単になる.水滴に入ってきた光は水滴内部の曲面で跳ね返り,反射光として出て行く.そこで起こっていることは驚くほど複雑であるが,主としてつぎのような仕組によって虹は作り出される.水滴の前面にあたった光線は,水滴内部に入る際に水によって屈折し,水滴の後面にあたって反射し,最終的に水滴の前面を再び通過する際にさらに屈折する.これは,一つの面から入ってきて反対の面から出て行くプリズムほど単純ではない.

太陽の中心と水滴の中心を結ぶ直線を含む平面上にある入射光線に対するこの過程を図3に示した.この直線は,光線の系全体に対する回転対称の軸である.その主たる特徴は2本の火線(焦線)にある.火線とは,すべての光線が接する曲線である.火線は,光が集中する場所であり,一種の焦点あわせの効

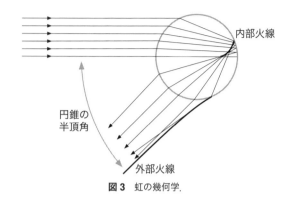

図3 虹の幾何学.

果をもつ.この名称の「焦」は,レンズを通過した日光が肌を焦がすという意味である.一方の火線は水滴の内部にあり,もう一方は水滴の外部にある.外部にある火線は,対称の軸に対して特定の角度をなす直線に漸近的に近づく.したがって,それぞれの色に対して,水滴から出て行く光の多くは,対称の軸に対して特定の角度に集中する.光線の系は回転対称なので,水滴から出てくる光線は,おおよそ水滴を頂点とした円錐状に放たれる.

虹を見るとき,私たちが見ている光の多くは,私たちの目と交わる円錐をもつ水滴からきたものである.簡単な幾何学によって,これらの水滴は,私たちの目を頂点とし,水滴を頂点とする円錐とちょうど逆向きの別の円錐上にあることが分かる.この円錐は,水滴を頂点とする光の円錐と同じ頂角をもち,その軸は太陽と私たちの目を結ぶ直線になる.したがって,私たちは円錐の断面を観測することになる.その断面は,光を放つ円弧になる.これがほかの水滴によってぼやけることはない.な

ぜなら，そのような水滴からの光はほとんど私たちの目に届かないからである．

　色づけされた帯についてはどうだろうか．それは，屈折角が光の波長に依存することによって生じる．異なる波長は異なる色に対応し，少しずつ違う大きさの円弧を作る．可視光では，屈折角はおおよそ40°（青）と42°（赤）の間になる．これらすべての円弧の中心は共通で，それは対称軸上にある．虹についていえることはもっとある．たとえば，主虹の外側にできる副虹は，通常，主虹ほど明るくなく，主虹とは色の並びが逆順になる．これは，水滴の内部で2回以上反射した光線によって作られるからである．しかし，その全体の形状は水滴と系全体双方の回転対称性がもたらす結果である．つぎに虹を見るときは，プリズムではなく，対称性を思い出そう．

海 の 波

　現実には，浜辺に打ち寄せる波には，正確に同じものはない．しかし，たとえば，非常に穏やかな海の緩やかなさざ波のような状況では，それらは似かよったものになる．簡単な数式による規則正しく周期的な解は，波のこのパターンを再現する．もっとも単純なモデルでは，空間を1次元に減らして，波の高さは低いと仮定すると，波は図4のような一定の速度で移動する正弦曲線である．

　正弦曲線は，図の矢印で示したような重要な対称性をもつ．それは周期的ということである．どの角度に2πを加えても，正弦関数の値は変わらない．すなわち，

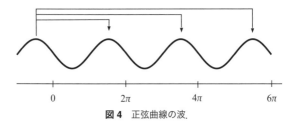

図4 正弦曲線の波.

$$\sin(x + 2\pi) = \sin x$$

が成り立つ．したがって，どの瞬間においても，波の空間的形状は，波全体を距離 2π かその整数倍だけ横に移動させても，まったく同じに見える．そして，「まったく同じに見える」というのは，対称性の特性の一つである．

移動する波には，別の種類の対称性もある．それは，時間における対称性である．波が速度 c で移動しているとすると，時刻 t における波の形状は $\sin(x - ct)$ になる．時間が $2\pi/c$ だけ経過したあとには，その形状は $\sin(x - 2\pi)$ になるが，これは $\sin x$ に等しい．したがって，波の形状は，$2\pi/c$ の任意の整数倍の時間後には，同じに見える．これが，連なったそれぞれの波が，その前の波とそっくりに見える理由である．

実際，正弦波にはそのほかの対称性もある．それが動いても同じ形状を保っているのである．波を任意の量 a だけ横にずらし，時間 a/c だけ待つと，当初に見たのとまったく同じ形状を見ることになる．なぜなら，$\sin(x + a - ca/c) = \sin x$ が成り立つからである．この種の時空間対称性は，移動する波の特徴である．

じゃんけん

ここまでの例では，対称性は幾何学と結びついていた．しかしながら，対称性は，なんらかの視覚的なものと関連している必要はない．じゃんけんの対称性はきわめて明白であり，誰もがその対称性にすぐに気づく．なぜなら，その対称性こそがじゃんけんを公平なものにしているからである．3種類の手はどれも「対等の条件」である．一方がどの手を選んだとしても，もう一方にはそれに勝つ選択肢，それに負ける選択肢，そして，相手と同じ手で引き分けになる選択肢がある．

じゃんけんは，もっときちんとした意味でもゲームである．1927年に，20世紀の偉大な数学者の一人であり計算機科学の先駆者でもあるジョン・フォン・ノイマンは，ゲーム理論と呼ばれる経済的意思決定の単純なモデルを考案した．1928年に，フォン・ノイマンは，ゲームに関する重要な定理を証明した．そして，そこから膨大な新たな結果が生み出され，最終的に，1944年にオスカー・モルゲンシュテルンとの共著で Theory of Games and Economic Behavior[*1] を発刊した．これはメディアを大きく賑わせた．

フォン・ノイマンのもっとも単純な状況設定のゲームでは，二人のプレーヤーが対戦する．それぞれのプレーヤーは，とりうる戦略の集合を個別にもち，その中の一つを選ばなければならない．どちらのプレーヤーも相手が何を選ぼうとしているかは

[*1] [訳注] 邦訳：銀林浩/橋本和美/宮本敏雄/阿部修一/橋本和美/下島英忠訳『ゲームの理論と経済行動 1〜3』，筑摩書房，2009，および武藤滋夫訳『ゲーム理論と経済行動：刊行60周年記念版』勁草書房，2014

分からないが，二人には，双方の選んだ戦略の組合せに応じてどれだけ損益があるか，すなわち利得は分かっている．これを経済に応用すると，一方のプレーヤーは製造業者で，もう一方のプレーヤーは潜在的顧客である．製造業者は，何を作り，その価格をいくらにするか選ぶことができる．顧客は，それを買うかどうかを決めることができる．

　背後にある数学的原理を浮き彫りにするために，連絡船の子供たちのように二人のプレーヤーが同じゲームを何回も繰り返し，それぞれの手において新たな戦略的選択を行うと考えてみよう．どのような戦略が，平均して最大の利益，あるいは最小の損失を生むだろうか．常に同じ選択をするという考えは，明らかによくない．一方の子供が常に鋏を選択するならば，相手はそのパターンに気づいて石を選択して毎回勝つことができる．そこで，フォン・ノイマンは，ある範囲の無作為な選択がそれぞれ固定された確率になる混合戦略を考えることに至った．たとえば，2回に1回は鋏を，3回に1回は紙を，6回に1回石を無作為に選択する．フォン・ノイマンが得た基本的結果はミニマックス定理である．ミニマックス定理は，任意のゲームに対して，ある混合戦略で，両方のプレーヤーが同時にそれぞれの最大損失を可能なかぎり小さくするようなものが存在するというものだ．この結果はそれまでにも予想されていたが，きちんとした証明が必要であり，その証明を最初に見つけたのがフォン・ノイマンである．フォン・ノイマンはこう述べている．「この定理がなかったら [...] ゲーム理論は存在しえなかっただろう．[...] ミニマックス定理を証明するまでは，発表する価値のあるものは何もないと考えていた．」

　前述の混合戦略はミニマックスではない．一方のプレーヤー

が2回に1回鋏を選択するならば，相手は紙よりも石を多く選択することにより勝つ確率を向上させることができるからである．このゲームの対称性を利用すると，ミニマックス戦略を見つけることができる．大雑把に言うと，ミニマックス戦略は，ゲームと同じ種類の対称性をもたなければならない．この答えがどうなるかは推測できるだろう．しかし，その推測を裏づけるいくつかの詳細に一通り目を通すことは有益である．プレーヤーが確率 r で石を，確率 p で紙を，確率 s で鋏を選択するような混合戦略を考える．この戦略を (r, p, s) と表記し，これがミニマックスだと仮定する．この r, p, s の値を推定するために，ゲームの対称性を使っていく．

まず，利得行列と呼ばれる得失を表現する表が必要になる．1で勝ちを，−1で負けを，0で引き分けを表すことにすると，利得行列は図5（左）のようになる．ここで，(r, p, s) がプレーヤー1にとってのミニマックス戦略であれば，(p, s, r) も同じくミニマックス戦略であると主張する．実際には，(s, r, p) もミニマックス戦略であるが，これは使用しない．この主張が成り立つ理由を示すために，アペロベットン第3惑星の異星人の

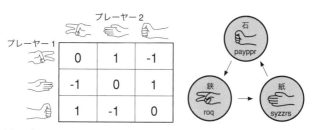

図5 左：じゃんけんにおけるプレーヤー1の利得行列．右：循環する戦略．矢印は「勝つ」を意味する．

第1章 対称性とは 15

言語に従って選択肢を書き換えることを想像してみよう．標準的な辞書を使うと，それはつぎのようになる．

日本語	アペロベットン語
石	payppr
紙	syzzrs
鋏	roq

両方の言語において，ゲームの規則は同じに見える．アペロベットン第3惑星のゲームでは，payppr は roq に勝ち，roq は syzzrs に勝ち，syzzrs は payppr に勝つ．どちらの言語を使うことにしても，利得行列は同じものになる．したがって，この言語を変更することの効果は，図5（右）にある戦略を循環させることである．このように記号を循環させると，任意の戦略 (r, p, s) は (p, s, r) になるが，その戦略に対する平均損益に変化はない．この二つの戦略は常に同じ平均損益になるので，そのうちの一方がミニマックス戦略であれば，もう一方もミニマックス戦略であることは明らかである．

通常，ミニマックス戦略は一つしかない．技術的詳細には踏み込まないが，これはじゃんけんの場合には成り立つ．したがって，二つのミニマックス戦略は同一，すなわち

$$(r, p, s) = (p, s, r)$$

である．これは，$r = p = s$ を意味する．しかし，プレーヤーは3種類の手のうちの一つを選ばなければならないので，これら確率の和は1である．

$$r + p + s = 1$$

それゆえ，r, p, s はすべて 1/3 に等しい．まとめると，じゃん

けんのミニマックス戦略はそれぞれの手を等確率で無作為に選ぶことである.

前に述べたように，こうなることは推測できていただろう．しかし，今や，それがなぜ正しいか，そして，それを論証するためにはどの専門的な定理を証明しなければならないかが分かっている．問題の詳細な部分を無視すると，この論証の数学的骨子はつぎのような一般的原理に焦点を合わせている．

1. この問題は対称的である．
2. それゆえ，任意の解に対して，それとは対称的な位置づけの解が存在することになる．
3. 解は一意である．
4. それゆえ，対称的な位置づけの解はすべて同じものである．
5. それゆえ，求める解それ自体が対称的であり，そこから確率が決まる．

ロバの橋

二等辺三角形の底辺を挟む 2 角が等しいことのユークリッドの証明はきわめて複雑である．これを「ロバの橋」と呼ぶもっともらしい理由は，橋に似た図（図 6）と，そこから導かれるより深遠な定理への架け橋という隠喩的な状況にある．さらに根拠はないが，それを渡る必要があるとき，多くの生徒が躊躇して立ち止まるからという説もある．

この定理をユークリッドはつぎのように証明した．その論証を大幅に短縮するために，いくらかの変更を行い，より簡単な言語を用いている．「等しい」「角」「三角形」をいつものように

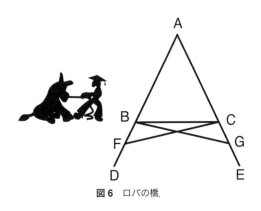

図6 ロバの橋.

=, ∠, △ と略記する．三角形が等しい，すなわち，同じ形状で同じ大きさであることを「合同」と呼ぶ．

ABC は AB=AC である二等辺三角形である．このとき，∠ABC = ∠ACB が成り立つと主張する．

AB と AC を延長して，それぞれを BD と CE とする．

この主張を証明するために，BD 上のどこかに F をとる．AE 上に AG=AF となるように AG を切り出す．FC および GB を結ぶ．このとき，FA=GA および AC=AB である．△AFC と △AGB は角 ∠FAG を共有する．それゆえ，△AFC = △AGB であり，FC=GB となる．この二つの三角形の残りの対応する角はそれぞれ等しい．すなわち，∠ACF = ∠ABG および ∠AFC = ∠AGB である．

AF=AG および AB=AC であるから，それらの差は BF=CG である．△BFC と △CGB を考える．このとき，FC=GB および ∠BFC = ∠CGB であり，この二つの三角形は底辺 BC を共有している．それゆえ，△BFC = △CGB であり，対応

する角はそれぞれ等しい．それゆえ，∠FBC = ∠GCB および ∠BCF = ∠CBG である．

∠ABG は ∠ACF に等しいことが証明され，∠CBG = ∠BCF であるから，残りは ∠ABC = ∠ACB である．そして，これの二つの角は △ABC の底辺を挟む 2 角である．

証明終り．

これで何が行われているか分かっただろうか．ユークリッドの形式的な演繹の背後にあるアイディアは何か．

その手がかりは，すべてが左右を対にして対応させる形になっていることである．その過程は，2 辺 AB と AC から始まり，等しいことを証明したい 2 角で終わる．F と G は対称の位置関係にある．FC と GB もそうなっている．そして，等しいことを証明する角の対もそうなっている．ユークリッドは，∠ABC = ∠ACB と結論するために，必要に応じて等しい角の対を積み上げていく．この結論もまた，対称な位置関係にある対である．全体を通じて対称性が分かるように，この主な段階を図 7 に示した．

ユークリッドの累々たる言葉は，洞察力に富み記憶に残る証明の本質である数学的な物語を語り始めている．現代的な視点

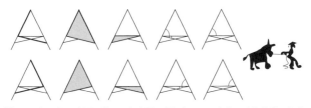

図 7 それぞれの上下に並べられた図の組において，印をつけた線分，角度，三角形はそれぞれ等しい．

第 1 章　対称性とは

からすれば，本質的なアイディアは，二等辺三角形には鏡映対称性があるということだ．その頂点を通る垂直線に関して，二等辺三角形を裏返してもまったく同じに見える．この操作は底辺を挟む2角を入れ替えるので，この2角は等しくなければならない．

なぜユークリッドはこのように証明しなかったのか．ユークリッドには，対称性に言及する余地はなかったのである．彼がたどり着きうるそれにもっとも近いものは，合同な三角形という概念であった．ユークリッドは，彼の幾何学を論理的に一段一段積み上げていて，私たちにとっては自明と思われるいくつかの概念は，彼の著書のこの段階では利用できなかったのだ．したがって，ユークリッドは，求める等式を証明するために，三角形をその鏡像と比較するために裏返すのではなく，合同な三角形という数学的道具を使って裏返しと同じ役割を果たす鏡像になる直線や角の対を構成したのである．

皮肉にも，補助線をまったく追加することなく，合同な三角形を使ってこの定理を証明する非常に簡単な方法がある．△ABCが △ACB と合同である点に注意するのである．対応する辺の二つの集合は等しく（AB=AC および AC=AB），それぞれに挟まれた角 ∠BAC および ∠CAB は同じ角であるから等しい．

だが，ユークリッドはこのようには考えなかった．彼にとって，△ABC と △ACB は同一の三角形であった．ユークリッドが前述の簡単な証明に気づくためには，三角形を順序づけられた線分の三つ組と定義することが必要だった．しかし，彼は図として考えていたので，このように定義する抽象化のレベルには達していなかった．彼がそう定義することができなかったと言っているのではない．彼の文化的な視点がそれを許さなかっ

たと言っているのである．

* * *

このように，さまざまな種類の対称性が数学や私たちをとりまく世界で自然に生じており，対称性の存在がしばしば計算を簡単にし，自然に対する知見を与え，証明の足がかりとなることを見てきた．また，数学的には，対称性は形状（円や波），抽象構造（じゃんけん），鏡映（ロバの橋）になりうることも分かった．対称性から導かれる自然科学の作用は，空間，時間，あるいはそれらの組合せ，そして確率や行列などの抽象的な概念にまで及びうる．

そして，まだここまでに，対称性とは何かということを説明していない．この言葉が当てはまるであろう文脈の多様性は，それを正確に定義することの困難さをほのめかしている．しかしながら，ここまでの例は，主として対称性が何ではないのかを示している．それは，数ではなく，形状でもなく，等式でもない．それは，空間でもなく，時間でもない．それは，「美」と同じように，形式的には突き詰めることのできない隠喩的あるいは個人的な概念の一つなのかもしれない．しかしながら，ここまでのすべての例やそのほかにも数多くのこともまかなえるほど広範な，有用で正確な対称性の概念があることが分かっている．もっと一般的な対称性の概念も存在し，本書で述べるものが唯一無二というわけではない．しかし，それはきわめて強力かつ有用であり，純粋数学，応用数学，数理物理学，化学，そしてそのほか数多くの科学分野における業界標準である．

円の対称性について述べたとき，それを2通りのやり方で記述した．その一つは，すべての点が中心から同じ距離にあると

いうものだ．そして，もう一つは，円を任意の角度だけ回転させても，回転させる前とまったく同じに見えるというものだ．後者のやり方に，対称性を形式的に定義するための手がかりがある．

　回転とは何か．物理的には，その形状を変えることなしに向きを変えるように物体を動かすやり方である．数学的には，回転は変換である．変換は，「関数」の別の呼び方である．変換は，任意のしかるべき「もの」xに別の「もの」$F(x)$を結びつける規則Fである．この「もの」は，数でも図形でも代数的構造でも作用でもよい．また，つぎのような気の利いた集合論的な定義もある．あなたがそれを知っているなら，私はそれが何であるかを言う必要はなく，あなたがそれを知らないなら，もうあなたは十分に精通していてそれを知る必要はない．

　円の例では，xを円周上の点としたが，慣例として使われている記号θで置き換えよう．この単位円は平面上にあると考える．θをこの円周上の点が位置する角度とみなすことによって，この点を規定することができる．この円を，たとえば$90°$回転させたら，何が起こるだろうか．点θは，角度$\theta + \pi/2$の別の点に移動する．したがって，この特定の回転は，変換Fを用いるとつぎのように定義することができる．

$$F(\theta) = \theta + \frac{\pi}{2}$$

これらの言葉を使うと，「円は回転させる前とまったく同じに見える」という言明の意味することは何だろうか．円周上のそれぞれの点は移動，すなわち$90°$回転する．しかし，回転後の点すべての集合は，もとの集合とまったく同じ円である．変わったのは，円周上のそれぞれの点を角度を使ってどのように指定

するかである.

　より一般的には，一般の角度 α の回転は，変換

$$F_\alpha(\theta) = \theta + \alpha$$

に対応する（実際には，これが回転の定義である）．この変換は，円周上の点を表すすべての角度 θ に同じ角度 α を加える．またしても，回転した点すべての集合は，もとの集合とまったく同じである．このとき，円はすべての回転に関して対称であるという．

* * *

これで対称性が定義できる.

　ある数学的構造の対称性とは，その構造の特定の性質を変えないままにする特定の種類の変換である．

　ただし，技術的な条件が一つある．それは，可逆な変換，すなわち，逆向きに変換できるような変換だけが許されるということだ．したがって，たとえば，円全体を一点に押しつぶすことはできない．回転は可逆である．角度 α の回転の逆は，角度 $-\alpha$ の回転，すなわち，同じ角度であるが反対向きの回転である．

　この対称性の定義が少し曖昧にみえるならば，それは極端に一般的だからである．「特定の」というのは，それを特定しなければ曖昧である．平面または空間にある図形の場合，もっとも自然に決まる変換は等長変換である．等長変換は，2点間の距離を変えないままにする．ほかの種類の変換もありうる．たとえば，位相幾何学的な変換は，空間を曲げ，圧縮し，引き伸ばしてもよいが，ちぎったり引き裂いたりはできない．しかし，ここでは，等長変換だけに注目しよう．そうすると，もっと明示

的な定義が可能になる．平面（または空間）図形の対称変換とは，平面（または空間）の等長変換で，その図形をそれ自体に写像するものである．

このように対称性を規定したとき，円にはまだほかにも対称変換があるだろうか．そう，鏡映がある．円をそれ自体に写像する平面の任意の等長変換は，円の中心を中心に写像しなければならない．平面上で，原点を中心とする単位円を考える．慣例に従って，正の x 軸を角度 0 として，反時計回りに角度を測る．円の中心を通る任意の直線を仮想的な鏡として平面を裏返したとすると，この場合も円はそれ自体に写像される．鏡が水平であれば，それによる鏡映 R_0 は

$$R_0(\theta) = -\theta$$

という変換である．鏡と x 軸のなす角度が α ならば，その鏡映 R_α は

$$R_\alpha(\theta) = 2\alpha - \theta$$

という変換である．もう少し専門的に言うと，これらの回転と鏡映は円のとりうるすべての等長変換による対称変換を構成することが証明できる．

円には無限に多くの対称変換があることに注意しよう．その一つは無限個の回転の族であり，もう一つは無限個の鏡映の族である．ほかの図形にはこれほど豊富な対称性は付与されていない．たとえば，楕円（いつも通り，一方の軸を水平とし，もう一方の軸を垂直にする）は，図 8（左）のような 4 種類の対称変換しかない．その 4 種類は，何も動かさない，角度 π の回転，水平軸に関する鏡映，垂直軸に関する鏡映である．それぞれの変換を記号で表すと，F_0, F_π, R_0, $R_{\pi/2}$ になる．

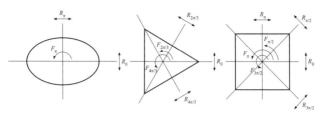

図 8 楕円，正三角形，正方形それぞれの対称変換．すべての点を動かさない F_0 は表記していない．

図 8（中）のように，原点を中心とし，一つの頂点が水平軸上にある正三角形には 6 種類の対称変換がある．その 6 種類は，角度 $0, 2\pi/3, 4\pi/3$ のそれぞれの回転と，中心とそれぞれの頂点の結ぶ直線に関する鏡映である．それぞれの変換を記号で表すと，$F_0, F_{2\pi/3}, F_{4\pi/3}, R_0, R_{2\pi/3}, R_{4\pi/3}$ になる．同様にして，正方形には，図 8（右）のように 8 種類の対称変換がある．それらは，$F_0, F_{\pi/2}, F_\pi, F_{3\pi/2}, R_0, R_{\pi/2}, R_\pi, R_{3\pi/2}$ である．

これらの例が示しているように，与えられた形状によってそれぞれ異なるいくつかの対称変換をもつ．したがって，個別の対称変換を考えるのではなく，それらをひとまとめにして考える必要がある．与えられた形状，あるいはより一般的には，ある構造のすべての対称変換の集合には，美しい代数的性質がある．具体的に言うと，変換を順に実行することで二つの対称変換を「合成」すると，その結果もまた対称変換になるのだ．

前述の例に対して，個別にこの性質を確かめることができるが，もっと簡単なやり方がある．まず，二つの等長変換を合成すると等長変換になることに注意する．すなわち，2 点間の距離を変えないままにする変換に続けて，もう一度 2 点間の距離を変えないままにする変換を行うと，その結果は明らかに 2 点

第 1 章 対称性とは

間の間の距離を変えないままである．つぎに，それぞれの等長変換が図形をそれ自体に写像するならば，それらの合成もまたその図形をそれ自体に写像する．すなわち，図形をそれ自体に写像する変換に続けて，その図形をそれ自体に写像する変換を行うと，その図形は明らかにそれ自体に写像される．

　対称変換のこの性質は自明ではあるが，きわめて重要でもある．このとき，与えられた図形または構造のすべての対称変換の集合は群を形成するという．これに従って，この集合を，この図形または構造の対称変換群と呼ぶ．対称変換群を知れば，その形状または構造に関してあらゆる種類のことが推論できるということが分かる．前述の五つの例は，対称変換群の言葉で記述することができ，そこで行った推論，すなわち，円は車輪として効果的であることや，じゃんけんのミニマックス戦略はそれぞれの手を等確率で選ぶことなどは，しかるべき対称変換群の応用である．

　これは図形や構造の対称変換群が有用あるいは重要であることの証拠にはならないし，ここで述べた推論は，明示的に対称性に言及することなしに遂行することができる．しかしながら，対称変換群，そして，単に群として知られているさらに一般的な概念は，非常に有用であり，今日，それらなしには簡単な数学もなしえないことが分かる．歴史的には，非常に重要な応用において群の概念は最初に登場した．その応用では，群なしには誰もたいした進展を遂げることはできなかったが，いったん群が定義され理解されると，その問題はあっという間に広く知れ渡った（第2章を参照のこと）．それは，数学者が対称性の一般的概念について考え，対称変換群の定義を導き出した後のことである．

第2章

対称性の起源

　対称性という広範な概念は，きちんとした数学用語を用いて定式化された形になる何千年も前から暗黙のうちに認識されていた．対称性は，芸術，文化，自然界，科学，そして数学の中にも見受けられ，その訴求力は人の知覚の根源にまで達するように思われる．宗教的な記号や宗教には関係のない記号もしばしば対称性を有し，今日では，図9のようないくつかの企業のロゴも対称性を有する．単純で，対称的な目立つデザインは，人の心理に力強く作用する．芸術家は，対称的なパターンを驚くほど深く細部にまで探求してきた．建築家は，洗練された建物を設計するために，さまざまな対称性を採用してきた．自然界における対称性は，アリストテレスの時代から自然史家や科学

図9 対称的なシンボルマークやロゴマーク．左から右へ：キリスト教，ユダヤ教，イスラム教，陰陽，メルセデス，トヨタ．

者を魅了してきた．

イスラム芸術は，たとえば，スペインのグラナダにあるかつての要塞や王宮であった 14 世紀のアルハンブラに見られる，図 10 のような対称的なデザインを用いていることで有名である．

建物自体は，綿密な計画の下に設計されたものではないが，多種多様なタイル張り模様で装飾されている．格子模様の対称性は 17 種類あり（第 4 章），アルハンブラにはそれらがすべてあるとよく言われる．この主張の真偽は，そのタイル張り模様をどのように解釈するかによる．なぜなら，実際の模様は無限に続くことはないからである．エディス・ミューラーは，1944 年にそのうちの 11 種類（ある人によれば 12 種類）を見つけた．ブランコ・グリュンバウムらは 1980 年にさらに 2 種類を見つけたが，残りの 4 種類を探し出すことはできなかった．1987 年に，ラファエル・ペレスゴメスとホセ・マリア・モンテシノスは，独立に，それらを探し出すことに成功したと述べた．その主張

図 10 アルハンブラにあるイスラムの典型的なパターン．

に対して，グリュンバウムは不正確な定義を根拠に異議を唱えている．シェド・ジャン・エイバスとアメール・シェイカー・サルマンの Symmetries of Islamic Geometrical Patterns には，17種類のパターンすべてがイスラム芸術から取り上げられているが，すべてがアルハンブラからというわけではない．さらに，イスラム芸術家は，たとえば，見た目には正7角形や正8角形を含む「不可能な」パターンを作るために，一見すると完全に対称的に見えるが，数学では厳密には成り立たないものを巧妙に回避するパターンを数多く考案した．芸術的には，これらを完全に対称的なパターンと優劣をつけられないし，イスラム芸術家らはこの2種類を区別していなかったように思える．なぜなら，彼らは厳密な数学的特徴づけをしていなかったからである．

　人間を含めた動物は，決して完全には左右対称ではないものの顕著な対称性をもつ．これは，自然界におけるもっとも明白な対称性である．多くの貝殻がもつ螺旋形は，生物界におけるよく知られた対称性のまた別の例である．科学全般において，厳密にではなくても対称性を利用することは，多くの場合，暗黙のうちに行われている．たとえば，天文学者は，空間中の大きな溶岩の塊を球体と仮定することが多く，回転する質量を軸に関して対称と仮定する．

　とくに結晶学では，もっと組織的に対称性を利用している．結晶は，しばしば驚くべき幾何学形状になる．たとえば，塩の結晶は立方体になりうる．結晶の切り口はそこに内在する原子格子を裏づける証であり，巨視的な結晶の対称性は，その格子の対称性と関連がある．しかしながら，結晶の成長パターンの細部も含めると，一般には，原子格子からもっとも直接的に予測できるのは，隣接する切り口のなす角度である．歴史的には，

これらの角度を計測すると同じ鉱物の多くの試料から同じ結果を得られることから，科学者は結晶には規則正しい構造があることを容認するところから始めた．これは奇妙に思えるかもしれないが，現場にあるほとんどの鉱石試料は傷んでいたり欠けていたりするので，博物館にある格調高い標本と同じというわけにはいかない．結晶の物理的および化学的性質の根底にあるのは，原子格子の対称性である．対称性から脱却することも重要であるが，何から脱却したのかを知っておかなければならない．

結晶学の先駆者の一人としてピエール・キュリーがいる．キュリーは，「結果は，その原因なしに非対称になることはありえない」という有名な非対称性原理を述べた．非対称性とは，対称性の欠如である．したがって，非対称性原理は，「原因の対称性は，その結果において再現される」と言い直すことができる．適切に解釈すれば，この原理はおおよそ正しいが，この解釈が当たり前だとするのは多くの場合間違いである．これについては第6章を参照のこと．結晶学は，対称性の概念の厳密な数学的定式化の恩恵を受けた最初の科学分野の一つであった．

そのような恩恵を受けた別の分野は化学である．化学では，多くの分子が互いに鏡像となる2種類の形態で存在することが発見された．専門用語ではこれを「カイラリティ」といい，1873年にケルビン卿によって名づけられた．1815年に，ジャン＝バティスト・ビオは，ある種の化合物，とりわけ砂糖は偏極光をある方向に回転させるが，一見すると同一であるほかの化合物は反対向きに回転させることに気づいた．1848年に，ルイス・パスツールは，これに関与する分子は，互いに鏡映になっているにちがいないと推測した．生化学においてカイラリティは重要である．なぜなら，分子の一方の形は生物学的に活性だが，そ

の鏡映の形はそうでないことがあるからだ．タンパク質の基本成分であるアミノ酸は，その一例である．生体はその一方の形を使うことができるが，もう一方を使うことはできない．多くの分子は対称的であり，その性質はその対称性に影響を受けている．最近の事例として，正20面体と同じ対称性をもつ切頭20面体の頂点のように配置された60個の炭素原子の籠であるバックミンスターフラーレンがある．

　対称性の厳密な定義は，これらのいずれの学問領域から生じたものでもない．その厳密な定義は，変換群の概念として純粋数学から生まれた．重要，単純，一般性のあるアイディアも，最初ははるかに複雑な形態として生じるというのが，数学の歴史における基本的な慣例の一つである．群論もその例外ではない．群は，数学研究の多くの難解な技術的領域において出現し，それぞれの場合において，根底にある単純さを覆い隠す特別な構造がその概念に付加されていた．群論の歴史的な出発点には，代数のいくつかの異なる領域が含まれるが，その中でもっとも影響があったのは方程式論である．方程式論は，多項式による方程式をいかに解くか，あるいは，この場合にはいかに解けないかを調べる研究領域である．また別の出発点として，複素解析における楕円関数とそれに関連するモジュラー関数の理論がある．初期の応用としては，結び目理論もまた影響を与えた．代数幾何の変数の入れ換えに関する研究から生まれた行列代数もまた大きな役割を演じたが，そこに立ち入ることはしない．

　群が何であるかを理解するために，あるいは，群という概念を使うために，こうした題材について知っている必要はない．しかしながら，群の歴史を実感することは，これらの題材を文脈の中に位置づける助けとなり，私たちが学んでいることが，目

的も内容もない風変わりな抽象化というだけではなく，この主題の核となる領域とも関連する真の数学であることを具体的に示している．

方程式とガロア理論

　基本的な幾何学と算術のつぎに古い数学の分野は，おそらく方程式論であろう．4000 年前に，バビロニアの書記官は，「重さの分からない石があったとしよう」と述べ，続けてその重さを正確に突き止めるのに十分な情報をそれに与えることによって，口頭での説明と例題を用いて，実質的に今日の初等代数に当たるものを生徒に教えていた．今日と同じく，生徒たちは教室で座らされ，宿題も用意されていた．二，三の粘土板には，教師に対する生徒らの個人的な印象さえも記録されていて，それらもまた，今日の生徒らが教師に対して抱く印象とよく似ている．

　いかなる記号も使ってなかったので偉業と呼ぶことができるのだが，バビロニアの代数の偉業のひとつは，2 次方程式の解法である．バビロニアの書記官は，典型的な例題を通して 2 次方程式を解く方法を示してはいたものの，どんな 2 次方程式も解くことができる一般原理を理解していたように思われる．今日との大きな違いは，解を表すのに代数的な公式を用いなかったことである．また，負の係数や複素数解は許さなかった．ルネサンス期までに，イタリアの数学者たちは 3 次方程式や 4 次方程式に対する同様の公式を発見した．これらの公式に共通する特徴は，加減乗除という標準的な代数演算を除くと唯一の構成要素は n 乗根を取り出すことであった．2 次方程式の解には平方根が必要であり，3 次方程式の解には平方根と立方根が必

要になる．4次方程式の解もまた，平方根と立方根が必要になる．4乗根は，結局，平方根の平方根であるから，必要なものはこれで足りるのである．

　これらの公式は，対応する次数のどのような方程式に対しても同じ公式が使えるという意味で，万能であった（ある状況では，これらの古典的な公式は解の実部と虚部を明示的に分けて表現しない．このことは，3次方程式においてはじめて理解された．3次方程式に実解が一つあれば，解の公式はそれを提示する．実解が三つあれば，この公式は，複素数の立方根を含む式を表すだけである）．しかしながら，次数が上がると，公式はいっそう複雑になる．何世紀もの間，この結果を高次の方程式に対して拡張するための支障は，この複雑さが増すことだけだというのが一般的な考え方であった．たとえば，一般の5次方程式の解は，おそらくある複雑な公式によって与えられ，その公式は5乗根，立方根，平方根を含んでいるにちがいない．この問題に7乗根や107乗根が必要になるかもしれないが，それらが登場する理由を説明するのは難しい．

　18世紀の終わりには，何人かの一流数学者が，この考えが間違っているのではないかと疑いはじめた．ジョゼフ・ルイ・ラグランジュは，2次方程式，3次方程式，4次方程式の解を求める前述の方法に対して統一した記述を見つけた．ラグランジュは，現在ではラグランジュの分解式として知られるものを構成するために，方程式の解の置換を用いた．もとの方程式に結びつけられたラグランジュの分解式の根によって，もとの方程式の解が決まる．2次方程式，3次方程式，4次方程式に対しては，ラグランジュの分解式の次数は，もとの方程式の次数よりも小さくなる．しかし，5次方程式に対しては，ラグランジュの分

解式の次数は6であり，5次方程式が6次方程式に置き換えられるので，問題は余計悪くなる．

これが，べき根を使った解が存在しないことを意味するわけではない．おそらく，なにか別のやり方があるはずだ．ラグランジュの分解式は，進むべき方向ではないのだろう．1799年に，イタリアの数学者パオロ・ルフィーニは，彼が証明だと主張するものを書き下ろしたが，それを証明というにはまだ道のりは遠く，うまくいっていなかった．ルフィーニの著書の表題を訳すと，「次数が4よりも大きい方程式の代数的解が不可能であることを証明する方程式の一般論」になる．残念ながら，彼の著書はきわめて長大であり，大がかりな計算は間違いがちで，最終的な結果は否定的であったので，彼の成果はあまり注目を集めなかった．ルフィーニは，証明をもっと分かりやすくしようとしたが，彼にふさわしい名声を得ることは決してなかった．のちに，ルフィーニの証明には論理的飛躍があることが分かったが，それは解消できるものであった．

最初に受け入れられた不可能性の証明は，ノルウェーのニールス・ヘンリック・アーベルが1823年に発表したものである．その発表前のわずかの間，アーベルはべき根を使って5次方程式を解く公式を見つけたと誤って考えていた．彼の最初の証明は要約だけで分かりづらく，1826年に追補を取りまとめたものを発表した．ラグランジュやルフィーニと同じように，アーベルも方程式の解の置換に着目した．それは，背理法を用いた証明であった．すなわち，べき根を用いた公式があると仮定して，何らかの自己矛盾を導くのである．その最後の段階は，5個の解の二つの相異なる置換を含んだ計算であり興味深い．

この種の証明の厄介な点は，その論証を検証することができ，

それが正しいと確信したとしても，なぜそのような答えになるかという理由はかならずしも明白ではないことである．その突破口は，若きフランス人エヴァリスト・ガロアによってもたらされた．ガロアは，一般の方程式に対して真正面から攻略した．多項式による方程式は，どのような場合にべき根によって解くことができるのか．ガロアは，その完全な解を示した．それを示す過程で，一般の5次方程式がべき根によって解けないことも証明した．しかし，当時は，その証明には欠陥があるとみなされていた．その証明は，解けることの条件を，方程式の係数ではなく，方程式の解を用いて表現していたからである．これでは，具体的な方程式に対してガロアの条件を確かめるのは困難である．ガロアは，フランス革命に巻き込まれて，みずから事態をさらに悪化させた．そして，決闘によって命を落としてしまう．

* * *

ガロアが使うことのできた技術は，基本的な代数と置換に関するラグランジュのアイディアであった．彼の時代には，対象の並び，たとえば $abcde$ の置換は，それを並べ替えた $bdaec$ のような別の並びであった．この考え方や記法は，かなり扱いにくいものであったが，ガロアにはそれしかなかった．ガロアは，多項式の根の一連の置換をその多項式による方程式と関連づけ，ある代数的性質を定義し，この一連の置換がある種の構造をもつことを示した．ガロアは，このような一連の置換を「群」と呼んだ．そして，方程式がべき根によって解くことができるのは，その群が，あるやり方でより小さいいくつかの群に分解できるとき，そしてそのときに限ることを証明した．そのアイディア

は非常に独創的で，ガロアの成果の重要性が十分に理解されるまでには時間がかかった．

ガロアの基本的なアイディアは，現代的な用語を使えば，方程式の対称変換群を考えるということである．ここで，対称変換群は，ある種の構造を保つ変換で構成されることを思い出そう．それでは，何が変換で，何が構造なのだろうか．

変換は解の置換であるが，ここでは置換を並べ方ではなく関数と考える．この変換を，基準となる並び $abcde$ を $bdaec$ に並び替えると考えるのではなく，基準となる並びのそれぞれの記号を並び替えた後の対応する記号で置き換えると考える．すなわち，

$$a \to b \quad b \to d \quad c \to a \quad d \to e \quad e \to c$$

となる．このように考えると，二つの置換をどのように合成するかは明らかであり，その結果としてまた別の置換が得られることは明白という点で都合がよい．

保たれなければならない構造は，少しとらえづらい．それは，方程式ではない．方程式の解の置換は，その解を並べ替えているだけである．並べ替えられた解は，もとの順序においてそれらが解になるのとまったく同じ方程式の解になる．しかし，保たれなければならないのは，その解の間のすべての代数的関係である．もしかすると，もとの解は $ad - ce = 4$ というような等式が成り立つかもしれない．置換を適用すると，この等式は $be - ac = 4$ になる．この関係が成り立たないならば，この置換はこの等式の対称変換ではない．この関係式が成り立ち，そのほかにも見込まれる関係式があるならば，そのすべてが保たれなければならない．この条件をどのように確かめればよいかは

それほど明らかではないが，それを満たす置換が群をなさなければならないのは明らかである．これをこの方程式のガロア群と呼ぶことにして，「関係を保つ」ということをもっと抽象的に定義する．

ここから，対称性の数学である群論が端を発したのであり，正方形や正 20 面体を回転させるという幾何学的なアイディアからではない．幾何学が先にあって，ガロアやその先人らが対称変換群を利用できたならば，すべてはもっと分かりやすくなっていたであろう．しかし，実際にはそうではなく，彼らは対称変換群を使っていなかった．このようなことで偉大な先駆者が歩みを止めることはけっしてない．だが，彼らの成果は，普通の人には理解しにくくなる．

しばらくの間，群論は，方程式論というひとつの分野だけで重要な，代数的に興味深い代物にすぎなかった．疲れをものともしない何人かの先駆者たちは，ひるむことなく群論そのものを発展させつづけた．すぐに，群は，数学の至る所に足跡を残しはじめた．かつて，アンリ・ポアンカレは，多少大げさではあるが，群論は「いわば，素材をそぎ落として純粋な形態に帰着させた数学全体である」と指摘した．驚くべきは，彼がこのような思い切った発言をしたことではなく，この発言がほんのわずかな誇張でしかなかったことである．群は，数学の中心に位置し，重要なものになっていった．

群が存在感を示しはじめた分野には，抽象代数，位相幾何学，複素解析，代数幾何，そして微分方程式も含まれる．科学，とくに物理学や化学との結びつきもまた，群の概念や対称性との深い関係をさらに発展させる動機となった．

抽象代数

現代の代数に対する抽象的なアプローチは，数や置換，そしてそれに類する体系の構造的な特徴に関するガロアらの研究成果から成長していった．ガロア自身は，今ではガロア体と呼ばれるものを研究した．ガロア体は，「和」と「積」のような演算が定義できるような有限集合で，代数の標準的な法則がすべて成り立つようなものである．要素の数が素数のべき p^n であるようなガロア体がそれぞれ一つあり，それを $\mathbf{GF}(p^n)$ と表記する．

もっとも単純な例は，$n=1$ の場合である．$\mathbf{GF}(p)$ は，整数 $0, 1, 2, \ldots, p-1$ を元としつぎの演算をもつ集合である．

$$a \oplus b = a+b \text{ を } p \text{ で割った余り}$$
$$a \otimes b = ab \text{ を } p \text{ で割った余り}$$

このとき，お馴染みの代数法則の多くが成り立つ．たとえば，和に関する可換則

$$a \oplus b = b \oplus a$$

や，分配則

$$a \otimes (b \oplus c) = (a \otimes b) \oplus (a \otimes c)$$

が成り立つ．また，

$$0 \oplus a = a \qquad 1 \otimes a = a$$

のような単純な法則も成り立つ．さらに，p が素数ならば，すべての 0 でない元 a には積に関する逆元 a^{-1} があり，$aa^{-1}=1$ が成り立つ．したがって，a^{-1} は実質的に $1/a$ であり，つぎの

ように割り算を定義することができる．

$$a/b = ab^{-1}$$

たとえば，$p=5$ としよう．このとき，和と積の表は，それぞれつぎのようになる．

$\oplus$	0	1	2	3	4
0	0	1	2	3	4
1	1	2	3	4	0
2	2	3	4	0	1
3	3	4	0	1	2
4	4	0	1	2	4

$\otimes$	0	1	2	3	4
0	0	0	0	0	0
1	0	1	2	3	4
2	0	2	4	1	3
3	0	3	1	4	2
4	0	4	2	2	1

すると，$2 \otimes 3 = 1$ であるから，$2^{-1} = 3$ であり，$3^{-1} = 2$ である．

カール・フリードリッヒ・ガウスが『数論講究』においてつぎのような記法を用いて定式化する少し前から，数論学者らはこの基本的なアイディアを使っていた．

$$x \equiv y \pmod{n}$$

n を法として x と y は合同であるというこの式は，$x - y$ が n で割り切れることを意味する．これによって得られる体系は，「n を法とする算術体系」として知られている．p が素数ならば，積に関する逆元が存在し，p を法とする整数は，体と呼ばれる構造を形成する．p が合成数ならば，逆元が存在せずに割り算が定義できない場合もあるが，そのほかの主な代数法則は成り

立ち，環と呼ばれる．同じような性質をもつ非常に多くの構造があるので，これらの概念は代数において広く用いられるようになった．

加法を演算として，$\mathbf{GF}(p)$ は，その元が変換ではないことを除き，変換群そっくりに振る舞う．$\mathbf{GF}(5)$ の元 g を原点のまわりの角度 $2\pi g/5$ の回転に対応させるように解釈すると，$\mathbf{GF}(p)$ における和は，ちょうど角度の和に対応する．たとえば，$4 \oplus 1$ は $8\pi/5 + 2\pi/5 = 10\pi/5 = 2\pi$ に対応するが，これは角度 0 と同じである．したがって，それらが定義される文脈を除いて，これら二つの構造は同一である．この二つの構造は同型であるという．

$\mathbf{GF}(5)$ には，変換群に非常に似た，また別の構造がある．それは，0 以外の元に対する乗法である．そのような元は四つあり，それらは，正方形の回転対称変換に同型な群を形成する．この意味で，ガロア体は，二つの群を合わせたものである．それは，0 以外の元からなる乗法を演算とする群と，それに 0 を含めた加法を演算とする群である．分配則は，この二つの群が互いにどう関連するかについての制約を加える．

$n > 1$ ならば，p^n を法とする整数は体を形成しない．なぜなら，$p \cdot p^{n-1} \equiv 0 \pmod{p^n}$ だからである．この場合，$\mathbf{GF}(p^n)$ の定義はもっと複雑になる．

楕円関数

群は，さまざまな対象を一つにまとめ上げるので，複素解析にも姿を現す．群は，今や非常に強力な手法として統合され，数論や代数幾何を含めたほかの領域にも適用されている．たとえ

ば，1995 年のアンドリュー・ワイルズによるフェルマーの最終定理の証明においても，群は重要な役割を演じた．

実関数解析において，正弦や余弦などの三角関数は，大きく幅を利かせている．すでに波との関連で述べたように，その重要な性質のひとつは周期性である．変数に 2π を加えても，三角関数の値は変わらないのである．

$$\sin(x + 2\pi) = \sin x \qquad \cos(x + 2\pi) = \cos x$$

このことから，その整数倍 $2k\pi$ を加えても，関数の値は変わらないことがすぐに分かる．この関係は，（x を $z = x + iy$ で置き換えた）変数が複素数の場合にも成り立つ．これと密接に関連した複素平面上の周期関数として指数関数 e^z がある．ただし，指数関数の周期は $2\pi i$ であり，これは虚数である．これらを，つぎの有名な等式が結びつける．

$$e^{i\theta} = \cos\theta + i\sin\theta$$

複素数は平面を形成するので，複素関数 f が二つの独立な周期 ω_1 と ω_2 をもち，

$$f(z + \omega_1) = f(z + \omega_2) = f(z)$$

となることは原理上可能と思われる．ここで，「独立」というのは，ω_1 は ω_2 の実数倍ではなく，したがって，ω_1 と ω_2 は実平面上の線形独立なベクトルに対応するという意味である．m と n を整数とするとき，線形結合 $m\omega_1 + n\omega_2$ は，図 11 のような格子を形成する．この関数は，この格子の網掛けの領域のような一つの「タイル」上の値だけから完全に決定される．そのほかの場所の値は，このタイルを格子の構成要素として平行移動することによって得られる．具体的には，等式

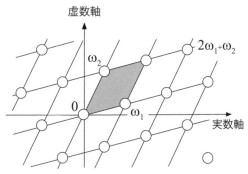

図11 二つの複素数周期 ω_1 と ω_2 のすべての整係数線形結合で作られる格子.

$$f(z + m\omega_1 + n\omega_2) = f(z)$$

によって,$m\omega_1 + n\omega_2$ だけ平行移動させた網掛けのタイルに基づいて f の値が定義される.

この種の関数は楕円関数と呼ばれる.その名前は,この関数が発見された歴史的経緯を反映したものである.楕円の弧長を計算するときに,この関数が現れるのである.より実態を表した名前は,「二重周期関数」である.楕円関数は,ある式をこの格子全体に渡って足し合わせる無限級数を用いて構成することができる.

より一般的には,平行移動をつぎのようなメビウス変換で置き換えることができる.

$$z \to \frac{az + b}{cz + d}$$

ここで,a, b, c, d は $ad - bc \neq 0$ を満たす複素定数である(これは,変換が逆変換をもつための条件である).メビウス変換は,きれいな幾何学的性質をもつ.具体的には,メビウス変換

は複素平面上の円や直線を円または直線に移す．二つのメビウス変換を合成すると，また別のメビウス変換になり，定数 a, b, c, d は，ちょうど行列の乗法を演算とする 2×2 行列

$$\begin{bmatrix} a & b \\ c & d \end{bmatrix}$$

のように振る舞う．ただし，この四つの数に同じ定数を掛けても，同じメビウス変換になることに留意しておくように．

楕円関数は，複素平面の平行移動の群の下で不変である．これに類似する楕円モジュラー関数は，適切なメビウス変換の群の下で不変である．このような群を図で表すのに，いくつかの標準的な方法がある．その一つは，単位円板 $|z| \leq 1$ に対して，この群がどのように働くかを見ることである．図 12 には，その対称変換があるメビウス変換の群になるような単位円板のタイル張りを示している．そのタイルは，円板の縁に向かって縮んでいるように見えるが，双曲平面の距離を定める計量ではすべて同じ大きさである．

この単位円板は，非ユークリッド幾何の一種である双曲幾何

図 12 メビウス変換の群に対応する単位円板の敷き詰め．

第 2 章 対称性の起源

の標準的なモデルである．双曲幾何では，（与えられた点を通り，与えられた直線に）平行な線は一意ではない．このモデルでは，「直線」は円板の縁と直交する円弧に対応している．このとき，双曲幾何のモデルにおけるメビウス変換は，等長変換に相当するものであることが分かる．

このようなメビウス変換と双曲幾何の同一視は，19世紀末に急増した多岐にわたる幾何の，クラインによる統合の一例である．クラインがそれを発表した都市にちなんで名づけられたエルランゲンの目録は，それぞれの種類の幾何に対して許される変換の群を関連づける．それは，ユークリッド幾何に対しては等長変換の群が対応し，双曲幾何に対してはそれに類似した双曲空間の群が対応する．メビウス幾何に対しては，メビウス変換の群が対応し，射影幾何に対しては，射影変換の群が対応する．そして，位相幾何に対しては，すべての可逆な連続変換の群が対応する．一見すると相異なる二つの幾何に，同型な群が対応するならば，より正確には，その空間への作用が同型である群が対応するならば，その二つの幾何は実際には見かけだけが異なる同じ幾何である．こうして，幾何学は変換群の不変量，すなわち，変換によって保たれる，空間に内在する特徴の研究になった．この時点で，これが幾何学を統合するための重要なやり方であったし，そこからいくつかの核心をつく新たなアイディアが生まれた．

結び目理論と位相幾何学

位相幾何学は一種の幾何学であるが，等長変換だけではなく，任意の可逆な連続変形も許す．等長変換は長さや角度といった

特徴を保つが，連続変形はそれらを保つことはなく，図形を折り曲げたり，伸ばしたり，縮めたりする．三角形は，連続変形によって，円にも変わりうる．位相幾何学を創始した論文の一つは，ポアンカレが 1895 年に発表した「位置解析」である．この論文では，任意の位相空間に付随する，基本群として知られている構造を導入した．互いに連続的に変形することのできる二つの空間の基本群は同型になる．すなわち，基本群は位相不変量である．

　基本群は，その位相空間の中にある閉路を使って定義する．まず，基点として，この空間の特定の点を決める．そして，すべての閉路，すなわち，その基点から出発して，空間の中を動き回り，最後に基点に戻ってくる連続曲線を考える．任意の二つの閉路は，まず一方の閉路をたどり，それからもう一方の閉路をたどることにより合成できる．（基点にとどまり続ける）自明な閉路は，ほぼ単位元のように振る舞う．閉路を逆向きにたどることによって逆転させたものは，もとの閉路の逆元といってもよい．しかしながら，これでまったくうまくいくというわけではない．閉路をたどり，それから，その閉路を逆に戻ってくることは，ずっと基点にとどまり続けることと同じではない．

　この問題点は，閉路ではなく，閉路のホモトピー類を考えることで修正することができる．二つの閉路は，それぞれがもう一方に連続的に変形できるならば，ホモトープであるという．ホモトピー類は，その代表となる閉路を組み合わせた結果とホモトープな閉路すべてをホモトピー類とすることで，組み合わせることができる．自明な閉路のホモトピー類は実際に単位元になり，逆向きの閉路のホモトピー類が逆元になる．言い換えると，閉路は，ホモトープな閉路を同一とみなせば，二つの閉路

を順にたどることで組み合わすことができて群になる．

たとえば，位相空間が円周である場合を考えよう．このとき，それぞれのホモトピー類は，与えられた回転数をもつすべての閉路に対応する．回転数とは，閉路が時計回りに円周を回った回数である．回転数 m の閉路と回転数 n の閉路を組み合わせた結果の回転数は $m+n$ になる．したがって，円周の基本群は，ちょうど加法を演算とする整数に対応する．自明な閉路は回転数 0 であり，回転数 n の閉路の逆の回転数は $-n$ である．

クルト・ライデマイスターはポアンカレのアイディアを取り上げて，結び目を研究するためにそれを用いた．結び目は，3次元空間に埋め込まれた閉曲線 K である．K 自体を位相空間と考えると，それは単なる円周である．結び目にとって重要なのは，3次元空間の中で K がどのように位置しているかである．この3次元空間への埋め込みを記述する一つの方法は，結び目の補空間，すなわち，3次元空間の中で K ではない部分全体を考えることである．ライデマイスターは，K の結び目群を，結び目の補空間の基本群と定義した．これが，3次元空間の中での K の位置の仕方に対する位相不変量になる．

ライデマイスターは，結び目の図式に記号 $x_1, \ldots, x_n$ を付随させることで，結び目の図式から結び目群が計算できることに気づいた．これらの記号は群の元であり，したがって，この群は，これらの記号から作られる $x_1^2 x_2^{-3} x_1 x_3^{-5}$ のようなすべての「語」を含まなければならない．二つの語を合成するには，その二つを続けて書き，必要に応じて簡略化する．この位相的構造を正確に表現するためには，いくつかの語を同値と考えなければならない．これらの記号は，結び目の補空間の位相的構造を符号化した個々の代数的関係式を満たすことが要求される．

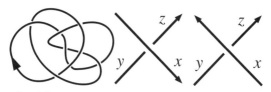

図 13 左：交点において弧に分割された典型的な結び目図式．中：一方の向きの交叉における 3 種類の記号．右：それとは逆向きの交叉における 3 種類の記号．

　図 13 は，いわゆるヴィルティンガー表示を用いた例である．図 13（左）は結び目図式で，連結な弧に自然と分解される．それぞれの弧には記号が割り当てられる．それぞれの交叉では，矢印は図 13（中）か，図 13（右）のようになる．x, y, z をそれぞれの弧に対応する記号とすると，図 13（中）では $xy = zx$ という関係が定まり，図 13（右）では $xz = yx$ という関係が定まる．これらの関係式は，交叉の近くで特定の閉路を変形する系統的なやり方を幾何学的に表している．

　ここでも，群の元は変換ではない．記号から作られる文字列が群の元であり，表面的に異なる文字列が等しくなることを要求する規則を伴う．幾何学的には，これらの文字列は閉路のホモトピー類を表現するが，その位相幾何学的特徴は，純粋に記号を用いた形式に抽象化されている．

抽 象 群

　皮肉にも，このように非常に多くの領域で群が現れたことが，その背後にある群の概念の単純さを分かりにくくした．なぜなら，数学者や物理学者は，彼らが群を使っている領域の言葉に

よって彼ら自身の群の概念を定義したからである．その多くは現代的な定義に近づいたが，たとえば，恒等変換の存在などの重要な特徴が省かれていた．今日の群の定義は，密接に関連した多くの変種から，徐々に進化したものであろう．

公理的なアプローチにおいて，群は，変換群に似ているが，変換は取り去らなければならない．群の元（要素）は，原理的には，どんなものであってもよい．重要なのは，それらをどのように組み合わせるかである．現代の群の定義（のひとつ）は，つぎのとおりである．

群は，集合 G に，G の任意の二つの元 g と h を組み合わせて G の元 $g*h$ を得る演算 $*$ を合わせたものである（専門用語でいうと，これは関数 $*: G \times G \to G$ である）．そして，つぎの条件が成り立たなければならない．

1. 単位元：G には 1 と表記される特別な元が存在し，すべての $g \in G$ に対して $1*g = g$ および $g*1 = g$ となる（これは，整数の 1 である必要はない）．
2. 逆元：任意の $g \in G$ に対して，$g^{-1} \in G$ が存在して，$g*g^{-1} = 1$ および $g^{-1}*g = 1$ となる．
3. 結合則：任意の $g, h, k \in G$ に対して，$g*(h*k) = (g*h)*k$ となる．

幾何学図形の対称変換群や置換群は，この条件を満たす．演算 $*$ は変換の合成であり，1 は恒等変換，g^{-1} は逆変換である．また，結合則も成り立つ．なぜなら，合成が定義されるならば，どのような関数においても結合則が成り立つからである．これらは記号からなる群でも同じように成り立つが，この場合には演算 $*$ は「並べて簡略化する」ということである．数学者らが

考案してきた群に似たほかの構造すべてについても同じことがいえる．

とくに，n を法とする整数は，加法を演算とする群になり，単位元は 0 で，逆元は $-g$ である．p が素数の場合，p を法とする 0 でない整数は，乗法を演算とする群になり，単位元は 1 で，逆元は p を法とした $1/g$ である．

ある群では成り立つが，ほかの群では成り立たないような条件もある．

4. 可換則：任意の $g, h \in G$ に対して，$g * h = h * g$ となる．

この性質をもつ群は，（アーベルにちなんで）アーベル群または可換群と呼ばれる．加法を演算とする n を法とする整数や，乗法を演算とする素数 p を法とする 0 でない整数は，いずれも可換群である．慣例によって，可換群の演算は $+$，単位元は 0，g の逆元は $-g$ と表記されることが多い．この慣例は，前述の 2 種類の群の後者の場合がそうであるように，混乱を招くことがあるので，その場合には使わないようにする．

最後に，便利な専門用語を紹介しておこう．群の位数とは，その群に含まれる元の個数のことである．群によっては，位数は有限のことも無限のこともある．

第 3 章

対称性の分類

　等長変換は，もっとも分かりやすい対称変換である．なぜなら，それらは幾何学的に解釈することができ，その効果を図によって確認することができるからである．それらが何通りあるかは空間の次元に依存する．高次元になればなるほど，等長変換の種類は増える．

　直線上では，2 種類の等長変換がある．それは，直線の向き（座標が負から正へと増大する方向）を保つものと，保たないものである．向きを保つ等長変換では，直線全体がある量 a だけ平行移動されるので，一般の点 x は $x+a$ に写像される．向きを保たない等長変換では，直線は原点に関する鏡映に続けて平行移動されるので，x は $-x+a$ に写像される．

　平面における等長変換を考えると，その種類はもっと増える．それは，図 14 に示したように，つぎのように分けられる．

1. 平行移動（並進）：平面全体がある方向に特定の距離だけ動かされる．

図 14 平面の 4 種類の等長変換.

2. 回転：平面は，決められたある点の回りにある角度だけ回転させられる．
3. 鏡映：それぞれの点は，決められたある直線に関する鏡像に移される．

また，あまりよく知られていないが重要な等長変換として並進鏡映（映進）がある．

4. 並進鏡映：それぞれの点をある固定された直線に関する鏡像に移し，それからその直線の方向に平面を平行移動させる[*1]．

等長変換による平面上の有界な領域の対称変換には，自明でない平行移動や並進鏡映は含まれない．なぜなら，これらの等長変換を繰り返し適用すると，点はいくらでも離れた場所に移動するからである．したがって，有界な領域に対しては，回転

[*1] [訳注] 図 14 では水平な直線に関する鏡像に移したあと，右方向に平行移動している．

第 3 章　対称性の分類　　51

と鏡映だけが現れる．

巡回群と二面体群

　等長変換の有限群は，その群が回転だけから構成されるか，あるいは，少なくとも一つの鏡映を含むかによって，二つのクラスに分かれる．

　その二つのクラスの典型的な場合を，図15に示す．左の図形は，図16（左）のように中心に関する角度 $0, 2\pi/5, 4\pi/5, 6\pi/5, 8\pi/5$ という五つの回転に関して対称である．これらの回転は，位数5の巡回群 $\mathbf{Z}_5$ を構成する．右の図形は，同じ五つの回転に関して対称であるが，また五つの鏡映に関しても対称である．その鏡映を作る直線を図16（右）に示した．これらの回転と鏡映は，位数10の二面体群 $\mathbf{D}_5$ を構成する（この群を $\mathbf{D}_{10}$ と表記する書物が多くあるが，$\mathbf{Z}_5$ との関連を想起させる $\mathbf{D}_5$ のほうが好ましい）．

　同様にして，位数 n の巡回群 $\mathbf{Z}_n$ と位数 $2n$ の二面体群 $\mathbf{D}_n$ も定義することができる．群 $\mathbf{Z}_n$ は，原点を中心とする角度 $2k\pi/n$

図15　平面上の2種類の対称な図形．左：$\mathbf{Z}_5$ 対称性．右：$\mathbf{D}_5$ 対称性．

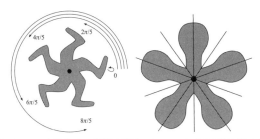

図 16 左：$\mathbf{Z}_5$ 対称性の 5 種類の回転．右：$\mathbf{D}_5$ にある回転以外の対称変換の 5 本の鏡映線．

$(0 \leq k \leq n-1)$ の回転すべてから構成される．群 $\mathbf{D}_n$ は，$\mathbf{Z}_n$ と同じ回転と，水平軸と $k\pi/n$ $(0 \leq k \leq n-1)$ の角度をなす直線に関する鏡映を合わせたものから構成される．二面体群 $\mathbf{D}_n$ は正 n 角形の対称変換群であり，巡回群 $\mathbf{Z}_n$ は正 n 角形の回転の対称変換群である．$\mathbf{Z}_n$ は，$\mathbf{D}_n$ の部分集合であり，同じ演算の下で群になっている．このような群を部分群と呼ぶ．

すべての平面の等長変換の有限群 G は，不動点をもたなければならない．実際，x を平面上の任意の点とするとき，簡単な計算によって，「重心」

$$\frac{1}{|G|} \sum_{g \in G} g(x)$$

は，G によって動かないことが証明できる（$|G|$ は G の位数を表す）．$\mathbf{Z}_n$ $(n \geq 1)$ と $\mathbf{D}_n$ $(n \geq 1)$ が，原点を動かさない平面の等長変換の有限群すべてであることを証明するのは難しくない．

直交群と特殊直交群

原点を動かさない等長変換の群として,さらに重要なものが二つある.原点のまわりのすべての回転の群 $\mathbf{SO}(2)$ と,原点のまわりのすべての回転と原点を通るすべての直線に関する鏡映の群 $\mathbf{O}(2)$ である.これらの記号は,2次元の「特殊直交群」および「直交群」を表す.円の対称変換群は,$\mathbf{O}(2)$ である.また,$\mathbf{SO}(2)$ は,$\mathbf{O}(2)$ の部分群である.

フリーズ模様

有界でない形状にはさらに多くの対称性がある.フリーズ模様は,水平軸に対して不変な対称性をもつ2次元のパターンである.水平軸上の個々の点は移動するが,軸全体は集合としてそれ自体に写像される.フリーズという名称は,壁紙の上部あるいは中央部を横切るように用いられる縁取りに由来する.フリーズ模様の対称性には,図17に示した7種類がある.

壁　紙

壁紙のパターンは,独立な二つの平行移動に関して対称である.その一つは,巻いた紙を伸ばす方向であり,もう一つは隣の紙の帯へ,場合によってはずれを伴いながら移る方向(室内装飾ではこれを「ドロップ」と呼ぶ)である.これは,第2章で格子によって定義した楕円関数の対称性と同じである.それに加えて,パターン全体がある回転や鏡映に関して対称になるこ

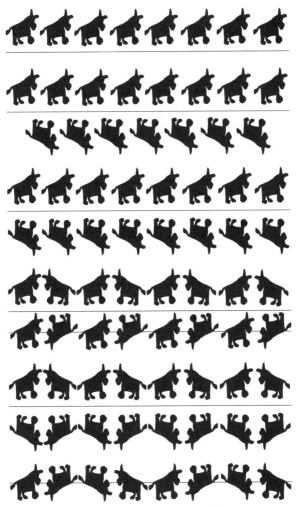

図 17 フリーズ模様の 7 種類の対称性.

図 18 左:二つの独立な平行移動のある壁紙パターン.右:左と同じ平行移動があり,角度 $2\pi/5$ の回転はないが,任意の星形の垂直二等分線(図に示した破線)に関する鏡映もある壁紙パターン.

ともある.このような対称変換群のもっとも単純なものは,二つの平行移動の組み合わせで構成されるものである.その典型的なパターンを図 18(左)に示した.混乱を避けるために,図 18(右)のパターンにはほかの回転対称性はないことを理解しておくのは重要である.一つの星形にはほかの対称変換もあるが,それをパターン全体に適用すると,ほかの星形は正しく写像されない.しかしながら,このパターンは,どの星形を垂直に二分する軸についての鏡映に関しても対称であり,これはロバの壁紙にはない新たな対称性である.

数理結晶学の先駆者であるロシアのエヴグラフ・フェドロフは,1891 年に壁紙のパターンが 17 種類だけであることを証明した.1924 年にジョージ・ポリアも独立に同じ結果を得た.これらのパターンは,その背後にある平面格子の対称性の種類によって分類することができる.その格子点を対称性をもつ形状で置き換えると,対称変換群が格子の対称変換群の部分群になるパターンが得られる.

格子には2種類の対称変換がある．それは，格子の平行移動そのものと，一つの格子点（これを原点としてよい）を固定し格子をそれ自体に写像するすべての等長変換から構成される結晶点群（完面像点群）である．任意の対称変換は，これら2種類の対称変換の組み合わせになる．その証明は単純である．格子の対称変換 s が，0 を $s(0)$ に移すとする．0 を $s(0)$ に移す平行移動を t とすると，$t^{-1}s = h$ は結晶点群に属する．それゆえ，$s = th$ は，結晶点群の元に格子の平行移動を合成したものである．

図19に示すように，格子の対称性には，つぎのような5種類がある．

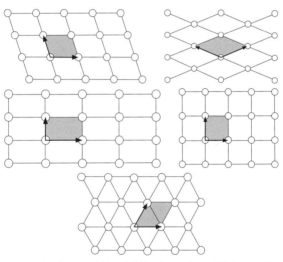

図19 平面上の格子の5種類の対称性．左から右に：斜方格子，面心長方格子，長方格子，正方格子，六方格子．矢印は格子生成元の選び方を表す．網掛けの領域はそれに付随する基本領域（単位胞）である．

1. 斜方格子：二つの格子生成元の長さは等しくなく，それらは直交していない．基本領域は平行四辺形になる．結晶点群は，角度 π の回転で生成される $\mathbf{Z}_2$ である．
2. 面心長方格子：二つの格子生成元の長さは等しいが，それらのなす角度は $\pi/2, \pi/3, 2\pi/3$ ではない．基本領域は菱形になる．結晶点群は，角度 π の回転と鏡映で生成される $\mathbf{D}_2$ である．
3. 長方格子：二つの格子生成元の長さは等しくないが，それらは直交する．基本領域は長方形になる．結晶点群は，$\mathbf{D}_2$ である．
4. 正方格子：二つの格子生成元の長さは等しく，それらは直交する．基本領域は正方形になる．結晶点群は，角度 $\pi/2$ の回転と鏡映で生成される $\mathbf{D}_4$ である．
5. 六方格子：二つの格子生成元の長さは等しく，それらのなす角度は $\pi/3$ である．基本領域は，二つの正三角形を合わせた菱形である．この基本領域を 3 個組み合わせると正 6 角形になり，これでも平面をタイル貼りすることができる．結晶点群は，角度 $\pi/6$ の回転と鏡映で生成される $\mathbf{D}_6$ である．

これらから壁紙の分類を得るために，5 種類の格子それぞれを調べて，格子の平行移動を含む対称変換群の部分群を分類する．17 種類の壁紙のパターン，結晶学における標準的な表記，その背後にある格子を図 20 に示す．

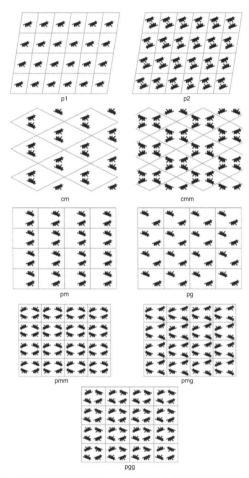

図 20 17 種類の壁紙パターン．図の見出しは標準的な結晶学の表記．

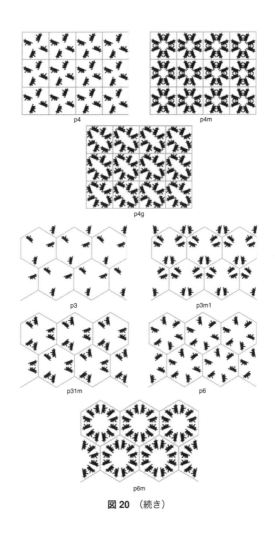

図 20 (続き)

正多面体

それでは,次元を3次元に上げてみよう.立体,すなわち,多面体は,その面がすべて同一の正多角形で,それぞれの頂点において面が同じ配置になっているならば,正多面体という.図21に示した5種類の正多面体は,3次元における対称性の豊富な源泉である.その5種類の多面体は,つぎのとおりである.

- 正4面体:四つの面はそれぞれが正三角形である.
- 立方体:六つの面はそれぞれが正方形である.
- 正8面体:八つの面はそれぞれが正三角形である.
- 正12面体:12個の面はそれぞれ正5角形である.
- 正20面体:20個の面はそれぞれが正三角形である.

これらの多面体は,面の形や頂点における面の配置だけでなく,多面体そのものも対称性という意味で規則正しい.それぞれの正多面体は,どの面も等長変換によってほかのどの面にも移すことができ,その等長変換は多面体全体をそれ自体に移す.さらに,その面のどのような対称変換も,正多面体全体の対称変換に一意に拡張される.この主張を証明することはとくに難しくはないが,ユークリッドは知らなかったいくつかの幾何学

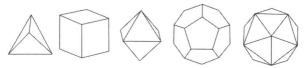

図21 5種類の正多面体.左から右へ:正4面体,立方体,正8面体,正12面体,正20面体

表1 正多面体の対称変換の個数

正多面体	F	E	対称変換の個数 ($= 2EF$)
正4面体	4	3	24
立方体	6	4	48
正8面体	8	3	48
正12面体	12	5	120
正20面体	20	3	120

的テクニックを展開する必要がある．

これらの対称性がもつ性質によって，それぞれの正多面体がもつ対称変換の数，すなわち，対称変換群の位数を計算することができる．たとえば，正4面体には四つの面があり，それぞれの面を特定の参照面に写像することができる．このとき，この参照面には群 $\mathbf{D}_3$ を構成する六つの対称変換があり，その対称変換はすべて正4面体全体に拡張される．したがって，対称変換の総数は，$4 \cdot 6 = 24$ 通りになる．より，一般には，正多面体に F 個の面があり，それぞれの面には E 本の辺があるならば，その対称変換群には $2EF$ 個の等長変換が含まれる．その結果を表1に示す．

この表を見ると，立方体と正8面体は同数の対称変換をもち，正12面体と正20面体も同数の対称変換をもつことがすぐに分かる．それには，双対性として知られている単純な理由がある．立方体の面の中心は正8面体の頂点を構成するので，立方体のどのような対称変換も正8面体の対称変換になる．一方，正8面体の面の中心は立方体の頂点を構成するので，正8面体のどのような対称変換も立方体の対称変換になる．正12面体と正20面体においても，同様の関係が成り立つ．したがって，これ

ら 2 対の対称変換群はそれぞれ同型である．

　それでは，控えめな正 4 面体についてはどうだろうか．正 4 面体の面の中心は，また別の正 4 面体を構成する．つまり，正 4 面体は自己双対的であり，この構成法から新たな多面体が得られることはない．

　正多面体の対称変換はいずれもその中心を動かさないので，中心を原点とするのが慣例である．正多面体のそれぞれの面に対して，正多面体の外側から見たときに反時計回りになるように矢印が描かれていると想定することで，正多面体の向きを定義したとしよう．こうすると，回転は向きを保つ．鏡映やそのほかの変換は，向きを反転させる．実際，対称変換が正多面体の向きを保つのは，その対称変換が 3 次元空間における回転であるとき，そしてそのときに限る．そして，対称変換が正多面体の向きを反転させるのは，回転に恒等変換 I の符号を変えたものを合成した変換であるとき，そしてそのときに限る．この恒等変換の符号を変えたものは，(x,y,z) を $(-x,-y,-z)$ に写すので，それぞれの頂点を対蹠点に移す．そして，この変換は $-I$ と書くことができる．

　鏡映は二つの単純な性質によって特徴づけることができる．鏡映は，原点を通る鏡映面と呼ばれる平面上のすべての点を動かさず，その平面に垂直な直線上で恒等変換の符号を変えたものとして振る舞う．正多面体の $2EF$ 個の対称変換のうち，EF 個は回転で，残りの EF 個は回転に鏡映または $-I$ を合成したものである．一般に，鏡映だけでは，3 次元空間の向きを反転させるすべての対称変換にはならない．たとえば，$-I$ は立方体の対称変換である．この対称変換は，向きを反転させるが，鏡映ではない．なぜなら，この変換によって動かない点は原点だ

第 3 章　対称性の分類　　63

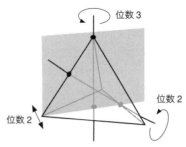

図 22 正 4 面体の対称変換.

けだからである.

このようにして,正多面体からは,正 4 面体群 **T**,正 8 面体群 **O**(これは立方体に対応する群でもある),正 20 面体群 **I**(これは正 12 面体に対応する群でもあるので,しばしば正 12 面体群とも呼ばれる)の 3 種類の対称変換群が得られる.この中のもっとも単純な正 4 面体の場合について,いくつかの等長変換がどのように作用するかを図 22 に示した.

正 4 面体群

表 2 にまとめたように,正 4 面体群には幾何学的に異なる 4 種類の対称変換がある.

表 2 正 4 面体の対称変換

対称変換	位数	個数
恒等変換	1	1
頂点まわりの回転	3	8
辺の中点まわりの回転	2	3
鏡映	2	6
回転 + 鏡映	4	6

- 恒等変換：これは，すべての点を動かさない（自明な）回転である．このような変換は一つしかない．
- 一つの頂点を固定した回転：それぞれの頂点に対して二つずつある．それぞれの回転の位数は 3 である．このような変換は全部で八つある．
- 相対する 2 辺の中点を結ぶ軸のまわりの回転：それぞれの回転の位数は 2 である．このような変換は全部で三つある．
- 2 頂点と，それに相対する辺の中点を通る平面に関する鏡映：それぞれの位数は 2 である．このような変換は全部で六つある．
- 4 頂点をある順序で巡回的に移す変換：動かない頂点はない．幾何学的には，この移動は，相対する 2 辺の中点を結ぶ軸のまわりに角度 $\pi/2$ だけ正 4 面体を回転させ，それからその軸に直交する平面に関する鏡映をとることで得られる．このような移動は全部で六つあり（3 本の軸それぞれに対して時計回りの回転と反時計回りの回転がある），それぞれの位数は 4 である．

$-I$ は正 4 面体を不変に保たないことに注意しよう．

正 8 面体群と正 20 面体群の場合は，簡単のために，向きを保つ変換（回転）だけを説明する．向きを反転させる変換は，向きを保つ変換と $-I$ を合成することで得られる．そのあるものは鏡映であり，あるものはそうではない．

正 8 面体群

正 8 面体群を可視化するには，図 23 のように立方体を用い

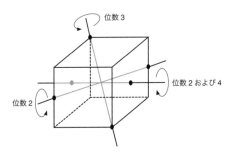

図 23 立方体の回転対称変換.

表 3 立方体の回転対称変換

対称変換	位数	個数
恒等変換	1	1
辺の中点まわりの回転	2	6
頂点まわりの回転	3	8
面の中心まわりの角度 $\pm\pi/2$ の回転	4	6
面の中心まわりの角度 π の回転	2	3

るのがもっとも簡単である．これから，表3の変換が得られる．

- 恒等変換：このような変換は一つしかない．
- 相対する2辺の中点を結ぶ軸のまわりの回転：それぞれの回転の位数は2である．このような変換は全部で六つある．
- 相対する2頂点を結ぶ軸のまわりの回転：それぞれの軸に対して，このような回転は二つある．それぞれの回転の位数は2である．このような変換は全部で八つある．
- 相対する2面の中心を結ぶ軸のまわりの角度 $\pm\pi/2$ の回転：それぞれの回転の位数は4である．このような変換は全部で六つある．

- 相対する 2 面の中心を結ぶ軸のまわりの角度 π の回転：それぞれの回転の位数は 2 である．このような変換は全部で三つある．

正 20 面体群

正 20 面体群を図示するには，図 24 のように正 12 面体を用いるほうが簡単である．これから，表 4 の変換が得られる．

- 恒等変換：このような変換は一つしかない．
- 相対する 2 面の中心を結ぶ軸のまわりの角度 $\pm 2\pi/5$ の回転：それぞれの回転の位数は 5 である．このような変換は全部で 12 個ある．

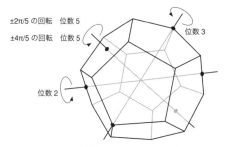

図 24 正 12 面体の回転対称変換．

表 4 正 12 面体の回転対称変換

対称変換	位数	個数
恒等変換	1	1
面の中心まわりの角度 $\pm 2\pi/5$ の回転	5	12
面の中心まわりの角度 $\pm 4\pi/5$ の回転	5	12
頂点まわりの回転	3	20
辺の中点まわりの回転	2	15

第 3 章 対称性の分類

- 相対する 2 面の中心を結ぶ軸のまわりの角度 $\pm 4\pi/5$ の回転：それぞれの回転の位数は 5 である．このような変換は全部で 12 個ある．
- 相対する 2 頂点を結ぶ軸のまわりの回転：それぞれの軸に対して，このような回転は二つある．それぞれの回転の位数は 3 である．このような変換は全部で 20 個ある．
- 相対する 2 辺の中点を結ぶ軸のまわりの角度 π の回転：それぞれの回転の位数は 2 である．このような変換は全部で 15 個ある．

直 交 群

3 次元空間のいくつかの対称変換群は無限に多くの変換を含む．軸を一つ固定すると，その軸のまわりのすべての回転は，$\mathbf{SO}(2)$ に同型な群を構成し，その軸を含む平面に関する鏡映は，この群を $\mathbf{O}(2)$ に拡大する．円錐（および任意の「回転体」）は，この種の対称性をもつ立体の一例である．円柱はまたべつの種類の対称性をもつ．それは，この軸に直交する平面に関する鏡映である．

すべてのとりうる軸のまわりのすべてのとりうる回転を含めるならば，特殊直交群 $\mathbf{SO}(3)$ になる．これに，すべての回転と $-I$ の合成を追加すると，直交群 $\mathbf{O}(3)$ が得られる．$\mathbf{O}(3)$ の対称性をもつよく知られた図形は球である．3 次元の図形が $\mathbf{SO}(3)$ の対称性をもつならば，その図形は必ず $\mathbf{O}(3)$ の対称性ももつので，対称性を $\mathbf{SO}(3)$ にするためには別の構造を追加しなければならない．たとえば，球面の向きを決めて，その向きを保つような変換だけにすればよい．

結 晶 群

結晶の規則正しい形状は，それを構成する原子の配置に起因している．その配置は，理想的には規則正しい格子状をなし，3次元空間の中の三つの独立した平行移動に関して対称である．したがって，結晶は，3次元空間における壁紙に相当する．結晶格子には，どれだけ詳細に分類するかによって，いつくかの分類の仕方がある．もっとも大まかな分類では，対称性を用いて格子を列挙する．それはブラヴェ格子またはブラヴェ晶系と呼ばれる．それらを表5に列挙し，図25に図示する．

図19を見ると2次元では5種類の格子が列挙されているが，図20では17種類の対称性があることが分かる．同様のことが

表5 14種類のブラヴェ格子の名称

	結晶系	格子
1	三斜晶系	三斜格子
2	単斜晶系	単斜格子
3	単斜晶系	底心単斜格子
4	直方晶系	直方格子
5	直方晶系	底心直方格子
6	直方晶系	体心直方格子
7	直方晶系	面心直方格子
8	正方晶系	正方格子
9	正方晶系	体心正方格子
10	三方晶系	菱面体格子
11	六方晶系	六方格子
12	立方晶系	立方格子
13	立方晶系	体心立方格子
14	立方晶系	面心立方格子

第3章 対称性の分類

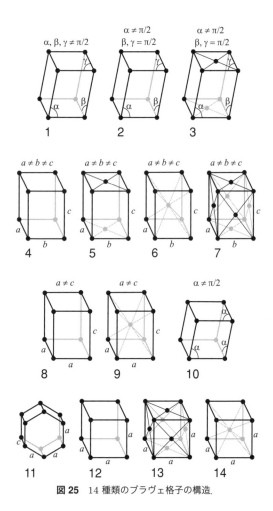

図 25 14 種類のブラヴェ格子の構造.

3次元でも生じる．ブラヴェ格子は格子状に配置された点の対称性を分類するが，格子状に配置された図形を分類するともっと多くの種類がある．図形には，さまざまな対称性があるので，より多くの種類に分かれるのである．3次元空間におけるもっとも包括的な分類は，格子状に配置された3次元の対称変換群である空間群を分類したものである．空間群は230種類，あるいは鏡像を同一とみなすと219種類ある．

これらの分類を観察すると，興味深い特徴として結晶学的な制約があることが分かる．2次元および3次元の結晶格子は，位数5の対称性をもつことはないのである．実際，許される位数は1, 2, 3, 4, 6だけである．平面の格子については，この事実を簡単に証明できる．まず，すべての格子は離散的，すなわち，二つの点の間の距離は0でないある下限を下回ることはないことに注意する．これは直感的には明らかであるが，単純に距離を評価するだけで証明できる．二つのベクトル u と v のすべての整数係数線形結合 $au + bv$ から格子が構成されているとする．このとき，$u = (1, 0)$ となるように座標を選ぶことができ，この場合に $v = (x, y)$ とすると，$y \neq 0$ になる．なぜなら，v は u と線形独立だからである．$au + bv$ が原点 $(0, 0)$ ではないならば，$au + bv$ から原点までの距離の平方は，b が整数であり0でないかぎり，

$$\|(a + bx, by)\|^2 = (a + bx)^2 + (by)^2 \geq b^2 y^2 \geq y^2$$

となる．$b = 0$ の場合には，a は0でないので

$$\|(a + bx, by)\|^2 = a^2 \geq 1$$

となる．それゆえ，原点からそれ以外のどの格子点までの距離

も，0 よりも大きい定数 $\min(1, |y|)$ を下回ることはない．平行移動によっても，任意の二つの格子点の間の距離に対してこの下限が保たれる．

ここで，格子が点 X を動かさない位数 5 の対称変換をもつと仮定しよう．鏡映の位数は 2 であるから，この対称変換は回転か回転と鏡映の合成でなければならない．点 X は格子点かもしれないが，もしかしたらそうでないかもしれない．たとえば，正方格子は，どの正方形の中心のまわりにも 90° の回転対称性をもつが，正方形の中心は格子点ではない．だが，どちらであっても問題はない．X とは異なる格子点 A を一つ選び，この位数 5 の対称変換を繰り返し使って，点 A を B, C, D, E へと順に移す．これらの点はすべて格子点でなければならない．なぜなら，対称変換を用いて移したからである．

ここで，図 26 (左) のように，格子点 $ABCDE$ から構成される正 5 角形が得られた[*2]．図のように点 P, Q, R, S, T を使う

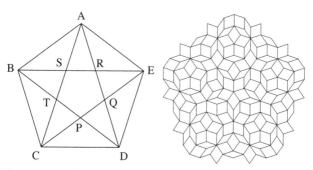

図 26 左：正 5 角形と五芒星．右：5 回対称性をもつペンローズ・パターンの一部．

[*2] [訳注] 格子点 $ABCDE$ が五芒星の頂点を形作る場合も，頂点の記

と，五芒星ができる．このとき，$ABPE$ は平行四辺形，実際には菱形である．ベクトル BP はベクトル AE に等しく，格子の平行移動で移る．それゆえ，点 P は格子点である．同様にして，点 Q, R, S, T も格子点になる．これで，正 5 角形 $ABCDE$ よりも小さく，頂点がすべて格子点である正 5 角形 $PQRST$ が得られた．実際，その大きさは，もとの正 5 角形の大きさの

$$\frac{3-\sqrt{5}}{2} \approx 0.382$$

倍である．この構成法を繰り返すと，その間の距離がいくらでも小さい二つの格子点が見つかる．しかしながら，それは不可能であり，矛盾している．

4 次元空間においては，位数 5 の対称性をもつ格子があり，どのような位数の対称変換も十分に高い次元ではありうる．前述の証明を 3 次元にも適用し，またなぜそれが 4 次元ではうまくいかないのかを考えてみるのもよいだろう．

2 次元および 3 次元での結晶格子には位数 5 の対称変換は存在しないが，（ヨハネス・ケプラーに触発された）ロジャー・ペンローズは，位数 5 の一般化された対称変換をもつ平面上の繰り返しのないパターンを発見した．それらは準結晶と呼ばれる．図 26（右）は，厳密に 5 回対称性をもつ二つの準結晶パターンのうちの一つである．1984 年に，ダニエル・シェヒトマンはアルミニウムとマンガンの合金の中に準結晶が生じることを発見した．当初，多くの結晶学者はこの発見の意味するところを軽視していたが，それが正しいことが分かると，2011 年にシェヒトマンはノーベル化学賞を受賞した．2009 年には，ルカ・ビンディとその同僚が，ロシアのコリャーク山から採取した鉱物で

号をつけかえることで同じ議論ができる．

あるアルミニウム，銅，鉄の合金の中に準結晶を発見している．彼らは，これらの準結晶がどのように構成されているかを調べるために，酸素の同位体の比率を測定する質量分析法を用いた．その結果は，この鉱物が地球上のものではなく，小惑星帯に起源をもつ炭素質コンドライト隕石に由来するものであることを示していた．

置換群

つぎに，幾何学から生じたのではない，別の種類の群に移ろう．集合 X に対する置換とは，写像 $\rho: X \to X$ で，1 対 1 かつ上への写像となるものであり，したがって，その逆写像 ρ^{-1} も置換になる．直感的には，ρ は X の元を並べ換えるやり方である．その一例は，$X = \{1, 2, 3, 4, 5\}$ に対して，$\rho(1) = 2$, $\rho(2) = 3$, $\rho(3) = 4$, $\rho(4) = 5$, $\rho(5) = 1$ という置換である．このとき，ρ は，順序づけられた並び $(1, 2, 3, 4, 5)$ を $(2, 3, 4, 5, 1)$ に並べ換える．それは，置換の表記

$$\rho = \begin{pmatrix} 1 & 2 & 3 & 4 & 5 \\ 2 & 3 & 4 & 5 & 1 \end{pmatrix}$$

を見るともっと明確に分かる．図式的には，ρ の作用は，図 27（左）のようになり，図 27（右）のように表すこともできる．

n を正整数として，$X = \{1, 2, 3, \ldots, n\}$ とする．X のすべての置換の集合は，合成を演算として群になる．恒等写像は置換であり，置換の逆も置換，そして $(fg)^{-1} = g^{-1}f^{-1}$ であるから置換の合成も置換である．この群は，n 次の対称群 $\mathbf{S}_n$ である．その位数 $|\mathbf{S}_n|$ は $n!$ になる．

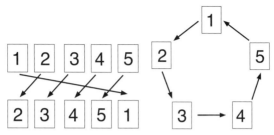

図 27 置換 ρ の効果を図示する 2 種類のやり方.

図 27（左）では，長い矢印がほかの 4 本の矢印と交叉している．c を，このような図式における交叉の最小数と定義される交叉数とすると，$c(\rho) = 4$ である．この置換 ρ と別の置換 σ を合成したとすると，合成の結果得られる $\sigma\rho$ は，図 28（左上）のようになる．この中間層を取り除くと，$c(\rho) + c(\sigma)$ 個の交叉があることが分かる．しかしながら，これが $\sigma\rho$ の交叉の最小数ではない．なぜなら，互いに 2 回以上交叉している矢印があるからである．交叉の数が最小になるように，矢印をまっすぐに伸ばことができる．図 28（左下）は，1 と 5 から出ている矢印を伸ばしている途中の段階を示している．もともと，これらの矢印は 2 回交叉していた．それらを動かすことで，この 2 回の交叉が解消して，交叉がなくなる．同じようにして，1 と 3 から出ている矢印の交叉も解消することができる．最終的な結果は，図 28（右下）に示した．$4 + 4 = 8$ 回の交叉からはじめて，二つの交叉が解消して 6 回になり，さらに別の二つの交叉が解消して 4 回になった．したがって，$c(\sigma\rho)$ は $c(\rho) + c(\sigma)$ と等しくないが，この二つの数は同じ偶奇性をもつ．すなわち，ともに偶数か，ともに奇数のいずれかである．

第 3 章 対称性の分類

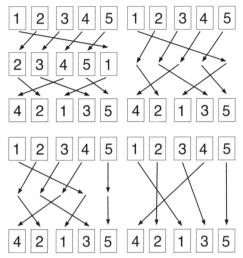

図 28 二つの置換の合成．左上：合成．右上：中間の層を取り除く．左下：5 から 5 に向かう矢印をまっすぐに伸ばした状態．右下：すべての矢印をまっすぐに伸ばした状態．

同じ議論を，きちんと代数を使って厳密に行うこともでき，その結果は，一般につぎのようになる．

$$c(\sigma\rho) \equiv c(\rho) + c(\sigma) \pmod{2}$$

2 を法とする $c(\rho)$ の値は，置換 ρ の偶奇性と呼ばれる．ρ は，$c(\rho) \equiv 0$ ならば偶置換といい，$c(\rho) \equiv 1$ ならば奇置換という．上記の式からつぎのことが分かる．

偶置換に偶置換を合成すると偶置換になる．
奇置換に奇置換を合成すると偶置換になる．
偶置換に奇置換を合成すると奇置換になる．
奇置換に偶置換を合成すると奇置換になる．

とくに，すべての偶置換の集合は，$\mathbf{S}_n$ の部分群になる．これは，n 次の交代群と呼ばれ，$\mathbf{A}_n$ と表記する．その位数 $|\mathbf{A}_n|$ は，$n!/2$ である．

このほかにも多くの置換群がある．実際，任意の有限群は，ある置換群と同型になる．

置換を表記する別の便利な方法は，巡換 (巡回置換) への分解である．巡換は，相異なる数 $x_1, \ldots, x_m$ に対して，$1 \leq j \leq m-1$ ならば x_j を x_{j+1} に移し，x_m を x_1 に移す置換である．これを $(x_1, x_2, \ldots, x_m)$ と表記し，長さ m の巡換と呼ぶ．たとえば，前述の置換 ρ は，長さ 5 の巡換である．この巡換は，図 27 (右) のように，それぞれの数を一つずつ反時計回りに移す．すべての置換は，互いに素な巡換の合成，すなわち，二つの巡換に同じ数が現れないような巡換の合成として表すことができる．

第4章

群の構造

　対称変換群の構造を分析する技術や，それらを記述するための言語を与えるために，群論のいくつかの基本概念をまず論じる．ほとんどの場合，形式的な証明は省略する．この章では，後の章で必要となるいくつかの単純なアイディアを紹介するが，それは広範な群論のほんの入り口にすぎない．また，必然的に，本書の以降の章よりも多くの記号を使用し，見た目は形式的になる．

同　型

　これまでにも，現れる状況は異なっていても，二つの群が同じ抽象構造をもつことを見てきた（これに「同型写像」という用語を用いた）．たとえば，3を法とする整数の加法を演算とする群 $\mathbf{Z}_3$ の演算表はつぎのようになる．

	0	1	2
0	0	1	2
1	1	2	0
2	2	0	1

また，正三角形の回転対称変換は，回転 R_0, $R_{2\pi/3}$, $R_{4\pi/3}$ を三つの元とする群 R を形成する．この群の演算表はつぎのようになる．

	R_0	$R_{2\pi/3}$	$R_{4\pi/3}$
R_0	R_0	$R_{2\pi/3}$	$R_{4\pi/3}$
$R_{2\pi/3}$	$R_{2\pi/3}$	$R_{4\pi/3}$	R_0
$R_{4\pi/3}$	$R_{4\pi/3}$	R_0	$R_{2\pi/3}$

これら二つの演算表は，用いられている記号が異なるだけで，まったく同じ構造をもつ．すなわち，前者の演算表のすべての 0, 1, 2 をそれぞれ R_0, $R_{2\pi/3}$, $R_{4\pi/3}$ で置き換えると，後者の演算表が得られる．定式化すると，この特徴は，つぎのような記号の置き換えによって定義される写像 $f: \mathbf{Z}_3 \to R$ を用いて表現される．

$$f(0) = R_0, \quad f(1) = R_{2\pi/3}, \quad f(2) = R_{4\pi/3}$$

あるいは，もっと簡潔に書けば，$j = 0, 1, 2$ について

$$f(j) = R_{2j\pi/3}$$

となる．この写像は全単射で，つぎのような性質をもつ．

第 4 章 群の構造

$$f(j+k) = f(j)f(k)$$

このことから,二つの演算表が同じ構造をもつことが導かれる.

より一般的には,G と H を群とするとき,写像 $f: G \to H$ は,全単射であり,すべての $g, h \in G$ に対してつぎの条件を満たすとき,同型写像になる.

$$f(gh) = f(g)f(h)$$

このとき,G と H は同型といい,$G \cong H$ と表記する.

二つの群が同型ならば,一方の群の抽象構造だけに依存するどのような性質も,もう一方の群でも成り立つ.とくに,二つの群の位数は等しい(群の位数とは,その群に含まれる元の個数であることを思い出そう).しかしながら,同じ位数をもつが同型ではない群を見つけることはたやすい.たとえば,$\mathbf{Z}_6$ と $\mathbf{D}_3$ の位数はともに 6 であるが,前者は可換であるのに対して,後者は可換ではない.

部 分 群

これまでに,群が別の群を含む例をいくつかすでにみてきた.こうしたことを形式的な概念によって定義するとつぎのようになる.群 G の部分群とは,つぎの条件を満たす部分集合 $H \subseteq G$ である.

1. $1 \in H$
2. $h \in H$ ならば $h^{-1} \in H$
3. $g, h \in H$ ならば $gh \in H$

これまでに登場した部分群の例としてはつぎのものがある.

- $\mathbf{Z}_n$ は，$\mathbf{D}_n$ の部分群になる．
- $\mathbf{A}_n$ は，$\mathbf{S}_n$ の部分群になる．
- $\mathbf{SO}(2)$ は，$\mathbf{O}(2)$ の部分群になる．
- $\mathbf{T}, \mathbf{O}, \mathbf{I}, \mathbf{SO}(3)$ は，いずれも $\mathbf{O}(3)$ の部分群になる．

巡回群 $\mathbf{Z}_n$ を加法を演算として n を法とする整数とみなすと，このすべての部分群を列挙することもできる．それらは，n の約数 m に対応していることが分かる．そのような m それぞれに対して，部分群

$$m\mathbf{Z}_n = \left\{mj : j = 0, 1, \ldots, \frac{n}{m} - 1\right\}$$

があり，それは $\mathbf{Z}_{n/m}$ に同型になる．これらだけが $\mathbf{Z}_n$ の部分群である．

たとえば，12 の約数は 1, 2, 3, 4, 6, 12 である．したがって，$\mathbf{Z}_{12}$ の部分群はつぎの 6 種類である．

$$1\mathbf{Z}_{12} = \mathbf{Z}_{12}$$
$$2\mathbf{Z}_{12} = \{0, 2, 4, 6, 8, 10\} \cong \mathbf{Z}_6$$
$$3\mathbf{Z}_{12} = \{0, 3, 6, 9\} \cong \mathbf{Z}_4$$
$$4\mathbf{Z}_{12} = \{0, 4, 8\} \cong \mathbf{Z}_3$$
$$6\mathbf{Z}_{12} = \{0, 6\} \cong \mathbf{Z}_2$$
$$12\mathbf{Z}_{12} = \{0\} \cong \mathbf{1}$$

これらの部分群の位数がもとの群の位数 12 の約数になっているのは，偶然ではない．一般的な場合にも，同様の性質がそのまま成り立つ．

ラグランジュの定理： G を有限群とする．H が G の部分群ならば，$|H|$ は $|G|$ を割り切る．

たとえば、G を正 12 面体の回転対称変換の群とすると、$|G| = 60$ である。したがって、この群の部分群になりうるものの位数は、1, 2, 3, 4, 5, 6, 10, 12, 15, 20, 30, 60 のいずれかである。これらの多くは、それを位数とする部分群があるが、15, 20, 30 を位数とする部分群はない。

群の元の位数

G を群として、$g \in G$ とする。g のすべてのべき乗の集合

$$H = \{g^n : n \in \mathbf{Z}\}$$

は g で生成される G の部分群になる。このとき、つぎの二つの可能性がある。

- g のすべてのべき乗は互いに異なる。この場合、H は、整数の加法群 $\mathbf{Z}$ と同型になる。G が有限群ならば、こうなることはない。
- g の相異なる二つのべき乗が等しい。この場合、k を $g^k = 1$ となる最小の正整数として、$H \cong \mathbf{Z}_k$ となる。G が有限群ならば、必ずこうなる。

前者の場合には、g の位数 $|g|$ は ∞ であり、後者の場合には k である。

g のべき乗は部分群を構成するので、ラグランジュの定理によって、G が有限ならば、そのすべての元の位数は G の位数を割り切る。たとえば、正 12 面体の回転対称変換の群の元の位数は、前述の部分群の位数の一覧の中のいずれかでなければならない。表 4 に示したように、実際には、これらの元の位数に

なるのは 1, 2, 3, 5 だけである.

共役類

ある対象に対する二つの対称変換は，それが異なる位置に適用されることを除いて，本質的には同じであることがある．たとえば，図 29 に示した正 5 角形の二つの鏡映 s と t は，異なる軸に関する鏡映であるが，s の軸は回転 r によって t の軸に移る．

このことは図から明白であるが，$\mathbf{D}_5$ のつぎのような性質を使って確認することもできる．

$$t = r^{-1}sr$$

すなわち，一方の軸に関する鏡映は，その軸をもう一方の軸の位置まで回転させ，そこでその軸に関して鏡映を行ったあと，もとの位置まで回転させて戻すということである．

一般に，G を群とすると，その二つの元 $g, h \in G$ は，ある

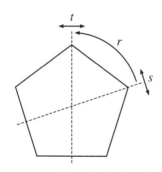

図 29 正 5 角形の共役鏡映対称変換.

$k \in G$ が存在して，$h = k^{-1}gk$ となるとき，共役という．共役な元は，どれも同じ位数をもつ．ある元に共役なすべての元からなる集合を，共役類と呼ぶ．有限群 G に対して，任意の共役類に属する元の個数は，必ず G の位数を割り切る．形式ばらずにいえば，共役な元は，異なる場所においてどれも同じことを行う．

正規部分群，準同型写像，商群

　部分群は，与えられた群からそれより小さい群を導出する分かりやすいやり方である．しかしながら，少し面倒な別の群の構成法として，現在の定式化にはないが，その起源はべき根による方程式の解法のガロアのアプローチにまで遡るものがある．それは商群と呼ばれるもので，群論の基本である．

　たとえば，正方形の対称変換群を考える．これには2種類の対称変換がある．それは，（向きを保つ，すなわち，正方形を裏返さない）回転と，（向きを反転させる，すなわち，正方形を裏返す）鏡映である．裏返しありと裏返しなしは，それ自体が群を形成する．

$$裏返しなし \times 裏返しなし = 裏返しなし$$
$$裏返しなし \times 裏返しあり = 裏返しあり$$
$$裏返しあり \times 裏返しなし = 裏返しあり$$
$$裏返しあり \times 裏返しあり = 裏返しなし$$

　すなわち，左辺の第1項の種類の対称変換に第2項の種類の対称変換を合成すると，常に右辺の種類の対称変換になる．抽象化すれば，これは位数2の巡回群である．

また，別の例として，n 個の元のすべての置換からなる群 $\mathbf{S}_n$ を考える．置換は偶奇性をもち，偶置換か奇置換のいずれかである．二つの置換の積の偶奇性は，たとえば，奇置換 × 偶置換 = 奇置換のように，それぞれの置換の偶奇性だけに依存する．ここでも，このような置換の二つの種類は，それ自体で群を形成する．そして，それはまたしても位数 2 の巡回群である．

　このようにして構成された群は商群と呼ばれる．形式的には，商群は，群の特別な種類の分割，すなわち，互いに素な構成部分に切り分けたものと定義することができる．それらの構成部分が群の構造を受け継ぐように切り分けることができたとしよう．すなわち，g_1 と g_2 が同じ構成部分に属していて，h_1 と h_2 が同じ構成部分に属しているならば，$g_1 h_1$ と $g_2 h_2$ も同じ構成部分に属するということである．この性質が保たれるならば，これら構成部分の集合は群を形成する．前述の二つの例では，正方形の対称変換の場合にはこれらの構成部分は裏返しありと裏返しなしであり，置換の場合には偶置換と奇置換である．

　直感的には，商群は，群の元が同じ構成部分に属するとき，そしてそのときにかぎり，同じ色になるような塗り分け方と考えることができる．前述の条件から，2 色を掛け合わせることで得られるすべての色は，きちんと定義されている事が分かる．この条件によって，これら 2 色をもつ元をそれぞれ選び，それらを掛け合わせて，その結果の色を見ると，2 色の元をどのように選んだとしてもそれらの積は常に同じ色になることが保証される．このとき，この色が商群の元であり，色の掛け合わせが商群の演算である．

　ここで，もとの群 G と色の群 K という二つの群に対して，$g \in G$ の色を $\phi(g)$ とする自然な写像 $\phi : G \to K$ がある．色

第 4 章　群の構造

の掛け合わせは，任意の $g, h \in G$ に対して

$$\phi(gh) = \phi(g)\phi(h)$$

と一貫して要約することができる．この性質をもつ写像は，準同型写像と呼ばれる．準同型写像は同型写像に似ているが，必ずしも全単射ではない．

この種の塗り分けは見た目にわかりやすいが，それを見つけるのはそれほど簡単ではない．商群は，正規部分群と呼ばれる特別な部分群と結びつけて特徴づけることもできる．群が商群をもつときは，単位元を含む構成部分はつねに部分群になる．この構成部分の元はすべて同じ色である．それを赤としよう．このとき，商群においては赤×赤＝赤になると主張する．これは，$1 \times 1 = 1$ であり，1 は赤であることから導くことができる．このことから，この群の赤い構成部分は，乗算の下で閉じていることが分かる．なぜなら，$1^{-1} = 1$ であり，逆元に関しても閉じているからである．したがって，この構成部分は，部分群になる．

すべての部分群がこのやり方で得られるのだろうか．実はそうではないことが分かる．実際，G の部分群 H が，G のある商群において 1 を含む構成部分となりうるのは，H が正規性と呼ばれるもう一つの性質をもつとき，そしてそのときに限る．正規性とは，h が H の任意の元で g が G の任意の元ならば，$g^{-1}hg$ は H の元になるということである．これが必要条件であるのは，G において $g^{-1}1g = g^{-1}g = 1$ でなければならないからである．また，十分条件であることを示すために，G の分割をつぎのように定義する．

g_1 と g_2 が同じ構成部分に属するのは，$g_1 g_2^{-1}$ が H

の元であるとき，そしてそのときに限る．

これらの構成部分は，H の剰余類と呼ばれる．簡単な計算によって，この分割が色の塗り分けの性質を満たしていることは分かる．この商群は G/H と表記される．そして，それぞれの元をその剰余類に写し，H の元を G/H の単位元に写像する自然な準同型写像 $\phi : G \to G/H$ がある．つまり，準同型写像，色の塗り分け，正規部分群は，同じアイディアを記述する3通りの方法である．

n を法とする整数は，加法を演算とする $\mathbb{Z}$ の商群になる．この群 $\mathbb{Z}$ は可換であり，したがって，すべての部分群は正規部分群である．たとえば，5の倍数から構成される部分群 $N = 5\mathbb{Z}$ を考えよう．その剰余類は，

$$N = \{5k : k \in \mathbb{Z}\}$$
$$N1 = \{5k+1 : k \in \mathbb{Z}\}$$
$$N2 = \{5k+2 : k \in \mathbb{Z}\}$$
$$N3 = \{5k+3 : k \in \mathbb{Z}\}$$
$$N4 = \{5k+4 : k \in \mathbb{Z}\}$$

であり，これらで $\mathbb{Z}$ 全体を尽くしている．なぜなら，どの整数も5で割るとその余りは0, 1, 2, 3, 4のいずれかになるからである．図30（左）には，その色の塗り分けを示した．また，図30（右）には，その色の掛け合わせ方を示した．より一般的には，任意の整数 $n \geq 2$ に対して，商群 $\mathbb{Z}/n\mathbb{Z}$ は，n を法とする整数の群 $\mathbf{Z}_n$ になる．

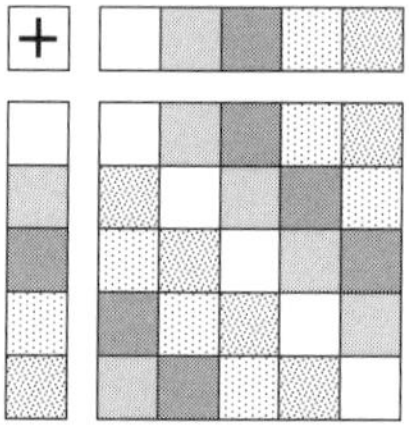

図 30 左：5 を法とする整数の塗り分け．右：塗り分けされた足し算の表．

第 5 章

群とパズル

　群論は，科学だけではなくゲームやパズルにも応用することができる．ここで，そのような三つの例を見てみよう．一つ目は 15 パズルで，群論を用いて不可能であることを証明できる．二つ目はルービックキューブで，群論の助けを借りて解くことができる．三つ目は数独である．群論によって何種類の数独があるか分かるが，数独の解き方についてはわずかな手がかりになるだけである．

　1880 年，米国，カナダ，ヨーロッパは，ノイス・パーマー・チャップマンというニューヨークの郵便局員が考案したパズルによって，つかの間の熱狂に飲み込まれた．その熱狂は 4 月に始まり 7 月には終わっていた．木工製品専門の商売をしていたマサイアス・ライスは，それをジェム・パズルという名前で販売した．チャールズ・ペヴィーという名の歯科医は，その解法に懸賞をかけた．このパズルは，ボスパズル，15 ゲーム，ミスティックスクエア，15 パズルとしても知られている．このパズルは，1 から 15 までの番号がつけられた 15 個の移動できる駒

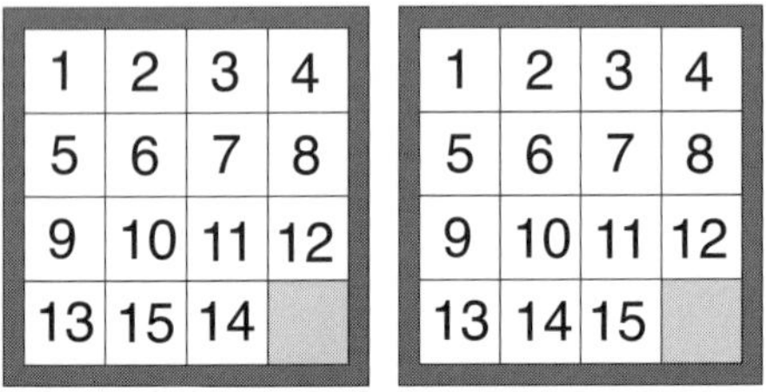

図 31 15 パズル．左：開始の配置．右：最終の配置．

が，最初は図 31（左）のように並べられていて，右下隅だけは駒が置かれていない．このパズルの目的は，駒が置かれていない空間に駒を滑らせて移動させ，図 31（右）のような配置にすることである．そのために，どのように駒を動かせばよいだろうか．

その 100 年後に，同じような熱狂が世界中に広まった．しかし，そのときは，正方形の駒を動かすのではなく立方体を動かすパズルであった．これが，ハンガリーの建築家であり建築学の教授でもあったエルノー・ルービックが考案したルービックキューブである（図 32）．これまでに，3 億 5 千万個のルービックキューブが販売された．ルービックキューブの六つのそれぞれの面は，一つの色になるように塗り分けられている．立方体のどの面も回転するようにこのパズルは作られていて，その回転を何度か繰り返すとそれぞれの面の色が混ざり合う．このパズルの目的は，すべての面を色の揃ったもとの状態に戻すことである．

2005 年，また別の熱狂が世界を席捲した．このときは，組み合わせパズルで，その解として，九つの 3×3 のブロックに分割された 9×9 のマスのそれぞれの行，列，ブロックに 1 から

図 32 一つの面が回転中のルービックキューブ.

9 までの数字が一つずつ含まれるように配置することが求められる.いくつかのマスにはあらかじめ数字が配置されていて,9×9 のマスすべてに数字を埋めるのが問題である.ご存知のように,このパズルは,図 33 に示したような数独である.数独は,クロスワードパズルの歩んだ道筋をたどるがごとく,幅広い人気を獲得し,多くの新聞に定期的に掲載されている.

これらのパズルは,いずれも目に映るよりもかなり多くの対称性をもち,群論が数学における構造的な対称性をいかに浮き

5	3			7				
6			1	9	5			
	9	8					6	
8				6				3
4			8		3			1
7				2				6
	6					2	8	
			4	1	9			5
				8			7	9

5	3	4	6	7	8	9	1	2
6	7	2	1	9	5	3	4	8
1	9	8	3	4	2	5	6	7
8	5	9	7	6	1	4	2	3
4	2	6	8	5	3	7	9	1
7	1	3	9	2	4	8	5	6
9	6	1	5	3	7	2	8	4
2	8	7	4	1	9	6	3	5
3	4	5	2	8	6	1	7	9

図 33 左:数独の問題.右:その答え.

第 5 章 群とパズル

彫りにしているかを例示している．これらのパズルを順に検討しよう．

15 パズル

15 パズルは，しばしば米国の有名なパズル作家サム・ロイドと結びつけられる．サム・ロイドは，1870 年代の 15 パズルのブームに火をつけたと主張した．しかしながら，ロイドと 15 パズルの接点は，1896 年にこのパズルについて書いたことに限定される．ロイドは，その時点ではかなりの額であり，今でも軽んじることはできない額である 1000 ドルの賞金を提供することによって，このパズルへの関心を復活させた．しかし，ロイドは，その賞金がもっていかれはしないことを十分に承知していた．1879 年，ウィリアム・ジョンソンとウィリアム・ストーリーは，ロイドの 15 パズルには解がないことを証明した．

その証明は，15 パズルの「潜在的」な対称変換群を用いている．その対称変換群は，15 個の駒と駒のない 1 箇所の場所の合計 16 個の対象のとりうるすべての置換から構成される．簡単のために，この駒のない場所に，16 という番号を割り当てる．それゆえ，この対称変換群は対称群 S_{16} になる．これは，とりうるの駒の並べ方すべてを含んでいるという意味では対称変換群である．しかしながら，規則に従った手すべてで生成される「実際」の対称変換群は，この真部分群になる．S_{16} の駒の並べ方すべてが，規定された手によって実現できるわけではないのである．

その理由はつぎのとおりである．駒を滑らせて移動させることは，実質的にその駒と駒のない場所を交換することであり，こ

図 34 15 パズルのマスの塗り分け.

の置換は互換（位数 2 の巡換）である．15 パズルのすべての正方形のマスを図 34 のように市松模様に塗り分けると，こうしたそれぞれの手によって，駒のない場所のマスの色は変化する．したがって，偶数回の手による駒の移動では，駒のない場所の色は変わらず，一方，奇数回の手による駒の移動では，駒のない場所の色が変わる．パズルは，最終的に駒のない場所を最初と同じ位置にするように求めているので，そうするための一連の手がどのようなものであっても，偶数回の互換の積でなければならない．それゆえ，それは偶置換になる．

しかしながら，ロイドのパズルを解くために求められている置換は互換 (14 15) であり，これは奇置換である．それゆえ，解は存在しない．

実質的に，この証明は不変量を構成している．不変量というのは，どのような手によっても変わらないパズルの状態のある性質のことである．整数の偶奇性を，その整数が偶数ならば 0，奇数ならば 1 と定義する．偶奇性は，2 を法として，$0+0=0$，$1+0=0+1=1$, $1+1=0$ のように足し合わせることができる．市松模様の塗り分けに対しては，白を 0，黒を 1 というよ

第 5 章 群とパズル　　93

うに偶奇性を割り当てることができる．このとき，駒を動かす手数（互換の数）の偶奇性と，駒のない場所の偶奇性の和が不変量になる．どのような手でも，手数と駒のない場所の偶奇性をそれぞれ 1 だけ変えるので，それらの和の変化は $1 + 1 = 0$ である．最初の駒の配置ではこの不変量の値は 0 であり，求められる最終的な配置の不変量の値は 1 である．これで，このパズルの不可能性が証明された．

この偶奇性の和が唯一の不変量であること，すなわち，15 パズルの二つの配置の不変量が同じならば，その一方からもう一方へと駒を動かす手順が存在することは比較的簡単に証明することができる．したがって，どのような初期状態から始めても，規則に従った手によって，16! 通りの配置のちょうど半分だけに到達することができる．このパズルを解こうとするものは，潜在的に $16!/2 = 10,461,394,944,000$ 通りの配置に到達しうるが，この数は非常に大きいので，彼らは常にまだ数多くの可能性が残されていると感じるであろう．これが，どのような配置も解けるにちがいないと彼らに思わせるように仕向けることになる．

ルービックキューブ

基準となる配置から到達できるルービックキューブの相異なる配置の数は，六つの面の回転を合成することで得られる変換群の位数に等しい．この群をルービック群と呼ぶことにする．ルービック群の位数を計算するために，まず，ルービックキューブの制約を無視して配置の総数を計算する．それは，ルービックキューブを分解してから組み立て直すことを考えるというこ

とだ．そのあとで，その配置のどの部分が，基準となる配置から規則に従った手によって到達できるかを調べる．

考えやすいように，いくつかの用語を決めておく．27 個に分割された小立方体を小方体と呼ぶ．小方体の色付けをされた正方形の面を小面と呼ぶ．ルービックキューブには 4 種類の小方体がある．それは，決して目に触れることのない中心にある小方体，それぞれの面の中央にある小方体（1 面体），それぞれの辺の中央にある小方体（2 面体），そして，頂点にある小方体（3 面体）である．中心にある小方体と 1 面体は，とくに重要な役割はない．中心にある小方体は動かず，1 面体は回転するが移動しないからである．したがって，12 個の 2 面体と 8 個の 3 面体だけを考慮すればよく，中心にある小方体と 1 面体は基準となる配置と同じと仮定してよい．

3 面体を並べ替える場合の数は 8! 通りある．そして，それぞれの 3 面体は 3 通りの向きに回転させることができる．したがって，3 面体の配置の総数は，その色の塗り方を考慮に入れると，$3^8 8!$ 通りである．同様にして，2 面体の配置の総数は，$2^{12} 12!$ 通りである．したがって，潜在的な対称変換群の位数は

$$3^8 8! 2^{12} 12! = 519\,024\,039\,293\,878\,272\,000$$

である．実際の対称変換群の位数は，この 12 分の 1，すなわち，

$$3^8 8! 2^{12} 11! = 43\,252\,003\,274\,489\,856\,000$$

になると主張する．その証明には三つの不変量を用いる．その不変量は，小方体とその色の塗り方に条件を課す．

- 小方体の偶奇性：図 35（左）に，中央の小面を除いた残りの八つの小面に 1 から 8 までの番号をつけたルービッ

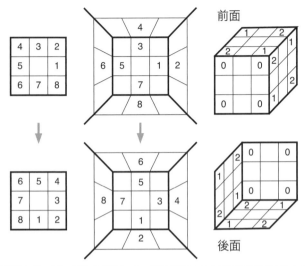

図 35 ルービック群の不変量．左：時計回りの 90° 回転による小方体への影響．中：2 面体の小面への番号づけ．右：3 面体の小面への番号づけ．

クキューブの一つの面と，それを時計回りに 90° 回転させたものを示した．この回転に対応する置換は

$$\begin{pmatrix} 1 & 2 & 3 & 4 & 5 & 6 & 7 & 8 \\ 7 & 8 & 1 & 2 & 3 & 4 & 5 & 6 \end{pmatrix}$$

であり，巡換分解すると (1753)(2864) になる．位数 4 の巡換はそれぞれ奇置換であるから，その二つの積は偶置換になる．これら以外の小方体は動かないから，任意の 90° 回転は偶置換である．それゆえ，ルービック群の任意の元は，小方体の置換としては偶置換になる．

- 2 面体の小面の偶奇性：図 35（中）のように，ルービッ

クキューブの一つの層にある 2 面体の八つの小面にも同様の番号づけをする．その層を 90° 回転させると，これら八つの小面の置換になり，それ以外の 2 面体の小面は動かない．したがって，ルービック群の任意の元は，2 面体の小面の置換として偶置換になる．

これは，小方体の偶奇性とは別の制約であることに注意しよう．すべての 2 面体を動かさずに，その一つの 2 面体の二つの小面を入れ替えたものは，小方体としては偶置換であるが，2 面体の小面としては奇置換である．

- 3 面体の三相性：図 35（右）のように，立方体の反対側に位置する 2 面にある小面を 0 とし，それぞれのの 3 面体の小面は時計回りに 0,1,2 とするように，3 面体の 24 個の小面に番号づけをする．T を，立方体の互いに反対側に位置する二つの面にある数の 3 を法とした合計とする．その合計は 0 か 6 であるが，いずれも 3 を法とすると 0 になる．この T を配置の三相値と呼ぶ．どの面を 90°，180°，270° 回転させても，すべての面のこの合計は 3 を法として 0 になることが分かる．したがって，ルービック群では三相性が保たれ，規則に従った配置はこの値が 0 でなければならない．しかしながら，規則に従わない配置ではこの値が 1 か 2 になるものを簡単に見つけることができる．それは，一つの 3 面体の向きだけを変え，残りの 7 個はそのままにしておくことである．

これらの不変量は，潜在的な対称変換群 G からそれぞれ $\mathbf{Z}_2$, $\mathbf{Z}_2$, $\mathbf{Z}_3$ への準同型写像に対応する．それゆえ，それらは，それぞれ正規部分群 N_1, N_2, N_3 に対応し，それらの位数はそれぞ

れ $|G|/2$, $|G|/2$, $|G|/3$ になる．すでに別の言い方で述べたように，N_1 と N_2 は相異なる．また，3 は 2 と素なので，N_3 についても同じことが言える．基本的な群論によって，これらの共通部分 $N = N_1 \cap N_2 \cap N_3$ は G の正規部分群で $|N| = |G|/12$ となることが分かる．（ここで，$12 = 2 \cdot 2 \cdot 3$ である．）

ルービック群の元においては，これら三つの不変量がすべて 0 になる．したがって，ルービック群は N に含まれなければならない．これを詳細に解析すると長くなるが，実際には，ルービック群は N に等しい．その基本的な考え方は，ほぼすべての小方体と小面を自由に配置するような手順を見つけ，そのときには残りの小方体あるいは小面の配置がこの三つの不変量によって決まることになるというものだ．群論は，そのような手順を構成する際に有効に使うことができる．詳細については，トム・デービスの 'Group theory via Rubik's cube' 2006 (http://www.geometer.org/rubik/index.html)，エルノー・ルービック，タマス・ヴァルガ，ゲラゾン・ケリ，ギオルギー・マルクス，タマス・ヴェカルディの Rubik's Cubic Compendium，デビッド・シングマスターの Notes on Rubik's Magic Cube（もっとも詳しく書かれた書籍）を参照のこと．群論を用いるとつぎのことが分かる．

7 個の 3 面体の向きは独立に選ぶことができるが，それらは三相性によって 8 個目の 3 面体の向きを決めるので，規則に従った手順によって実現できる 3 面体の配置は $8!3^7$ 通りだけであることが分かる．また，12 個の 2 面体の配置は，それらの偶奇性によって，$12!/2$ 通りだけが可能である．これらの 2 面体のうち，11 個の向きは独立に選ぶことができるが，最後の一つの向きは，小面の偶奇性によって決まる．これらの場合の数を合わ

せると，全体で $8!3^7 12!2^{10}$ 通りの配置になる．これは N の位数に等しいので，N がルービック群になる．

群論はルービックキューブを解く際の助けにもなる．とくに，必ずしも明示的にではないが，共役変換の概念が幅広く用いられる．愛好家らは，ある特定の効果を生み出す手の組み合わせである「マクロ手順」を習得する．たとえば，あるマクロ手順は，隣り合う二つの 2 面体を入れ替え，それ以外の小方体は動かさない．ここで，「隣り合う」というのは，この二つの 2 面体は同じ 3 面体に隣接するという意味である．ここで，隣り合わない二つの 2 面体を入れ替えて，それ以外の小方体は動かさないようにしたいとしよう．このマクロ手順は使えないが，共役を使えばうまくいく．この二つの 2 面体が互いに隣り合う位置になるように，ある手順 s を実行する．このとき，全体がごちゃ混ぜになるが，最終的にはうまくおさまるので，気にしないでよい．これで，二つの 2 面体は隣り合っているので，それらを入れ替えるマクロ手順 m を使うことができる．最後に，s の逆の手順 s^{-1} を実行する．すると，入れ替えたかった二つの 2 面体を除いて，ごちゃ混ぜになっていたのがすべてもとの配置に戻り，そして，その二つの 2 面体は入れ替えられた．これはどのようにして成し遂げられたのだろうか．それは，手順 $s^{-1}ms$ によってであり，これはマクロ手順 m の共役である．

答えるにはルービックキューブの対称変換群の詳細な理解が必要となるような自然な問いで，ルービックキューブについての考察を終えたい．その問いというのは，任意の配置から始めて基準となる配置に戻すための最小手数を求めよというものだ．ただし，一つの面を $90°$ の何倍か回転させるのを 1 手と数える．この正確な最小値は，神の手数として知られている．なぜなら，

長い間,全知全能の神だけが解決できる問いのように考えられていたからである.しかし,2010年に,トーマス・ロキッキ,ハーバート・コシエンバ,モーレー・ダビッドソン,ジョン・デスリッジによる数学者,技術者,計算機科学者のチームが,グーグルによって提供された350CPU年という計算時間を使って,神の手数が20であることを示したのである.

数　独

　数独は,定められた規則に従って記号を配置することが要求される,組み合わせパズルである.記号として数字を用いると都合がよいが,数独は算数とはまったく関係がない.その解法は,知的な試行錯誤,間違った選択肢の除去といった論理的な演繹の連鎖を含み,計算機のアルゴリズムとして定式化することができる.これらのアルゴリズムは,パズルとして数独を作ったり確認したりすることにもしばしば使われる.

　数独の歴史は,1783年のレオンハルト・オイラーにまで遡る.オイラーは魔方陣に精通していた.魔方陣は,数を正方形の格子状に配置して,列と行の合計がすべて同じになるものである.オイラーの論文「新種の魔方陣」は,この主題を変形させたものである.典型的な魔方陣の例として,つぎのものがある.

$$\begin{array}{ccc} 1 & 2 & 3 \\ 2 & 3 & 1 \\ 3 & 1 & 2 \end{array}$$

列と行の合計はすべて等しく,具体的には6になるので,これは一種の魔方陣である.しかし,連続する整数をそれぞれ一つ

ずつ使うという伝統的な条件に反しているし,対角線の和も 6 になっていない.これは,ラテン方陣と呼ばれるものの一例である.ラテン方陣は,n 種類の記号を $n \times n$ のマスに配置して,すべての行と列に,それぞれの記号がちょうど一つずつ現れるようにしたものである.ラテン方陣という名前は,それに用いる記号が数字である必要はなく,とくにラテン文字,すなわち,ローマ字でもよいことに由来する.

オイラーはさらに意欲的に考えて,つぎのように書いた.

> しばらくの間,多くの人々の頭を悩ませた非常に興味深い問題は,新たな解析の領域,とくに組み合わせの研究を切り開くように思われるつぎのような研究に私を巻き込んだ.この問題は,異なる 6 階級から,そして異なる 6 連隊から選ばれた 36 人の士官を正方形に配置し,(縦および横の)それぞれの列にいる 6 人の士官が相異なる階級でかつ相異なる連隊になるように配置するように発展させられる.

オイラーの問題は,別の記号を使った二つの 6×6 ラテン方陣を求めよというものだ.その二つのラテン方陣は,直交していなければならない.すなわち,それぞれの記号の対がちょうど 1 回だけ現れるということである.オイラーはこの問題を解くことができなかった.しかし,n がすべての奇数とすべての 4 の倍数の場合に,直交する $n \times n$ ラテン方陣を構成した.位数 2 のそのようなラテン方陣が存在しないことは簡単に証明できる.したがって,残るは $n = 6, 10, 14, 18, \ldots$ の場合である.オイラーは,これらの場合には直交するラテン方陣の対は存在しないと予想した.1901 年に,ガストン・タリーは,6×6 の

第 5 章 群とパズル

ラテン方陣に対してオイラーの予想を証明した．しかし，1959年に，アーネスト・ティルデン・パーカーは，直交する二つの 10×10 のラテン方陣を構成した．1960年，パーカー，ラジ・チャンドラ・ボーズ，シャラダチャンドラ・シャンカー・シュリカンデは，それよりも大きいラテン方陣ではオイラーの予想が正しくないことを証明した．

数独方陣（完成した数独）は，特別な種類のラテン方陣である．それは，通常のラテン方陣に加えて，それぞれの 3×3 のブロックにも制約が課される．数独方陣は何通りあるのだろうか．2003年に，その答えとして

$$6,670,903,752,021,072,936,960$$

が USENET の rec.puzzles ニュースグループに投稿されたが，完全な証明は与えられていなかった．2005年に，ベルトラム・フェルゲンハウアーとフレーザー・ジャーヴィスは，妥当ではあるが証明されていない二，三の仮定に基づき，計算機の助けを借りて詳細な計算を行った．9×9 ラテン方陣の数は，ほぼ100万倍の大きさであった．しかしながら，数独方陣には対称変換，すなわち，数独のすべての規則を守りながら数独方陣を並べ替えるやりかたが何種類もある．もっとも明白な対称変換は，9種類の記号の置換で，これは対称群 $\mathbf{S}_9$ になる．それにくわえて，3×3 のブロック構造を保ちつつ，行を入れ替えることもできるし，同じように列を入れ替えることもできる．また，数独方陣全体を対角線に沿って裏返すこともできる．数独方陣の対称変換群の位数は $2 \cdot 6^8 = 3,359,232$ であることが分かっている．

対称変換によって移りあう数独方陣を同一とみなすと，相異

なる数独方陣は何通りあるかという基本的な問いに対して，この対称変換群を使うことができる．2006 年に，ジャーヴィスとエド・ラッセルは，この問いの答えを

$$5,472,730,538$$

と計算した．この数は，ラテン方陣の総数を 3,359,232 で割った結果ではない．なぜなら，数独方陣の中には，自明でない対称変換をもつものもあるからである．

　このような計算において鍵となるのは，しばしばバーンサイドの補題と呼ばれる，軌道の数え上げ定理である．群 G が置換として集合 X に作用するとしよう．与えられた任意の元 $x \in X$ に対して，G のすべての元 g を x に適用して，$g(x)$ を得ることができる．こうして得られるすべての元の集合を，x を通る G の軌道と呼ぶ．二つの軌道はまったく同じになるか交わらないかのいずれかなので，軌道は X を分割する．軌道の数え上げ定理は，相異なる軌道の個数が

$$\frac{1}{|G|}\sum_{g \in G}|\mathrm{Fix}_X(g)|$$

であると主張する．ここで，$\mathrm{Fix}_X(g)$ は g によって動かない X の元の個数，すなわち，$g(x) = x$ となる元 x の個数である．

　この定理を単純な例に実際に適用してみよう．2×2 のチェス盤を黒と白の 2 色で塗り分けるやり方は $2^4 = 16$ 通りある．そのすべてを図 36 に示した．しかしながら，これらの塗り分けの多くは，2×2 のマス目の対称変換の下で同じになる．たとえば，2,3,5,9 番の塗り分けは，いずれも同じ塗り分け方を回転させたものである．対称変換群 $\mathbf{D}_4$ の 8 個の元と，それぞれによって動かないパターン，そしてそのようなパターンが何通

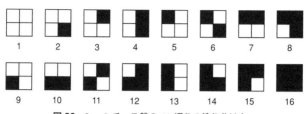

図36 2×2チェス盤の16通りの塗り分け方.

表6 D_4 の軌道数え上げに必要な情報

対称変換	動かないパターン	個数
恒等変換	16種類のパターンすべて	16
角度 $\pi/2$ の回転	1,16	2
角度 π の回転	1,6,11,16	4
角度 $3\pi/2$ の回転	1,16	2
水平軸での鏡映	1,4,14,16	4
垂直軸での鏡映	1,7,10,16	4
主対角線での鏡映	1,2,5,6,11,12,15,16	8
副対角線での鏡映	1,3,6,8,9,11,14,16	8

りあるかを表6に列挙した.

軌道の数え上げ定理は, 軌道の個数が

$$\frac{1}{8}(16+2+4+2+4+4+8+8)$$

すなわち, 6個であると教えてくれる. 実際, 軌道を列挙すると, $\{1\}$, $\{2,3,5,9\}$, $\{4,7,10,13\}$, $\{6,11\}$, $\{8,12,14,15\}$, $\{16\}$ になる.

比較的単純なゲームやパズルが大きな対称変換群をもつことがあり, 今日の強力な計算装置をもってしても答えをだすことが困難な問題が生じる場合もある. また, このようなゲームやパズルは, 組み合わせ論の問題を解いたり解がないことを証明

したりする際に置換の偶奇性や軌道の数え上げ定理といった群論の基本概念がどれほど助けになるかを具体的に示している．

第6章

自然のパターン

　対称性は自然界のもあちらこちらにも存在する．そして，それらは，繰り返す規則性に対して私たちのもって生まれた感覚に強く訴えかける．生物における三つの例を図37に示す．左は，モルフォ・ディディアスという蝶である．モルフォチョウ属には80種類を越える種があり，その多くは中南米に生息している．中央は，オーストラリア南部やニュージーランド近海で見つかる11本の腕をもつヒトデの一種である．このヒトデは，差渡しが30cmにも及ぶ．右はオウムガイの殻の断面であ

図37 3種類の対称的な生物．左：モルフォチョウ．中：11本の腕をもつヒトデ．右：オウムガイ．

る．オウムガイは，頭足類であり，6種が現存している．

このモルフォ蝶は，左右対称の形をしている．鏡に映したように中心を通る軸に関して左右を反転させても，（ほぼ）同じに見える．左右対称 D_1 は，動物界に広く存在する．その一例は人間である．鏡に映った人は，その人と同じように見える．細部まで見れば，人間は完全に対称的ではない．たとえば，顔は鏡に映すと，図38のように，わずかばかり違って見える．まず，鏡に映したリンカーンは，髪の毛の分け目が反対側にある．人の体内には，このほかにも非対称な部分がある．心臓は通常左側にあり，腸は非対称に曲がりくねっていて，このようなことがほかにもある．

図39（左）は，図37（左）の右半分とその鏡映を灰色の鉛直線に沿って張り合わせて作った人工的な蝶である．これは元の蝶と驚くほどそっくりである．ヒトデは，平面上にうまく配置すると，図39（中）のような，ほぼ完全な対称性をもつ11辺の星形になるだろう．この対称変換群は，D_{11} になる．

オウムガイの螺旋形の殻の対称性は，少し分かりづらい．この形状を無限にまで延長すると，実際には，ある適当な定数 k を用いて極座標表示で $r = e^{k\theta}$ という式で表される対数螺旋に

図38 エイブラハム・リンカーンとその鏡像．

第6章 自然のパターン 107

図 39　左：モルフォチョウの右半分とその鏡像を合わせたもの．中：正 11 角形から作られた星形．右：対数螺旋を重ね合わせたオウムガイの殻．

非常に近い．そのような螺旋をオウムガイの殻に重ね合わせると，図 39（右）のようになる．固定された ϕ に対して，偏角 θ を $\theta + \phi$ に移すと，螺旋の式は $r = e^{k(\theta+\phi)} = e^{k\phi}e^{k\theta}$ に変換される．したがって，半径には一定の割合 $e^{k\phi}$ が乗じられる．縮尺の変化は伸張と呼ばれる．ユークリッド幾何においては，合同な三角形に対する等長変換のように，相似な三角形に対して伸張が同じ役割を演じる．

理想的なオウムガイは，回転に関して対称ではなく，伸張に関しても対称ではない．しかしながら，適切な回転と伸張の組み合わせ，具体的には，角度 ϕ の回転と $e^{-k\phi}$ 倍の拡大に関して対称である．実際には，これは，任意の ϕ に対して対称変換になる．したがって，無限に伸びる対数螺旋の対称変換群は，それぞれの実数 ϕ に対して一つの元が対応する無限群である．このような二つの変換の対応する角度を足し合わせることで合成できるので，この群は加法を演算とする実数と同型になる．

もちろん，生物の対称性はけっして完全ではない．数学的な対称性は，理想化されたモデルである．しかしながら，わずかに不完全な対称性には説明が必要である．「それは非対称である」と言うだけでは不十分である．典型的に非対称な形状は，その鏡映とほぼ一致するということはなく，まったく異なるものに

なる．

生命体の左右対称性

なぜ，これほどまで多くの生命体が左右対称なのだろうか．詳しい話は複雑で完全には分かっていないが，鍵となるいくつかの問題について概略を述べよう．ただし，話が短くなるように，生物学をかなり単純化した．

有性生殖の生命体は，卵子と精子の融合した一つの細胞から成長する．最初のうちは，これはおおよそ球形をしている．そして，10回から12回程度の一連の分裂を経て2個，4個，8個，16個，…の細胞になるが，全体的には同じ大きさを保ちつづける．最初の二，三回の分裂で球の対称性は崩れ，前後（前後軸），上下（背腹軸），左右が区別できるようになる．その後の成長では，前後と上下の対称性はあっという間に失われるが，この生命体がかなり複雑になるまで胚芽は左右の対称性を保ちつづける傾向にある．

成長は，本来は「自由に進行する」細胞の化学や力学と，成長のプログラムを制御する遺伝子の「指令」の組み合わせである．この自由に進行する変遷過程が左右の対称性を自動的に保っているように見えるかもしれない．しかし，左右の違いは簡単に生じうるので，対称性を維持するためには，遺伝子によるなんらかの調整が必要になる．体を鏡映対称にする方式はかなり初期から進化し，そして，進化は左右対称を選択した．なぜなら，そのほうが動作を制御するのが単純であり（一方が長くもう一方が短い足で歩くことを想像してみるとよい），実質的に同じ成長の設計図を2度使うことができるからである．

体の内部構造は，幾何学的な理由や力学的な理由によって非対称になることをしばしば強いられる．人間の胃腸は，折りたむことなしに体腔内部に収めるには長すぎる．そして，それを体腔内部に収めることのできる対称的な折りたたみ方はない．しかし，そうなるように遺伝子が関与したという十分な証拠がある．非対称な信号を中継する生体分子がいくつも発見されている．1998年には，マウス，ひよこ，アフリカツメガエルの胚の左心および内蔵で遺伝子 Pitx2 が発現（活性化）しているのが発見された．この遺伝子が発現し損ねると，見当違いの臓器になる．同じ年に，左右対称性に付随することが知られている成長因子であるタンパク質 Vg1 を，そのタンパク質が通常生じることのないアフリカツメガエルの胚の右側の特定の細胞に注入すると，内蔵の全体的な構造が通常の形態の鏡像になることが発見された．その後の実験により，Vg1 は，左右軸を組成する成長の過程における非常に初期の段階であるという考えに至った．どちら側が Vg1 を得たとしても，それが通常の成長でいうところの「左側」になるのである．

　左右対称性は，雌の嗜好と雄の特徴（ときにはその逆）が相互作用する進化的現象である雌雄選択に貢献することも示唆されている．雌雄選択は，その選択圧なくしては繁殖まで生き延びる可能性が減ってしまうであろう誇張された体形を発達させるように雄を導く進化的「軍拡競争」を生み出す．孔雀の壮大な尾羽はその典型的な例である．これらの嗜好は個体の判断によるが，「よい遺伝子」と結びついた嗜好はいずれも生物学的適応性も促進させる．対称性の発達には遺伝的な要素があるので，外見の対称性はよい遺伝子の試験としての役割も果たしうる．したがって，雌雄どちらにとっても，相手の対称的な特徴を好

むことは自然である．実験によって，雌のツバメは非対称な尾をもつ雄には惹かれにくいことが分かっている．そして，ヤマトシリアゲ（ベッコウシリアゲ）の羽についても同じことがいえる．映画俳優は著しく対称的な顔立ちをしているとよく言われるが，対称性が嗜好と結びつきうる場合でさえ，その関連性の理由を立証することはきわめて困難なので，全体的には議論の的になっている．

脊椎動物，棘皮動物，そして植物の対称的な体制におけるさまざまな遺伝子の役割については，かなりのことが分かっている．1999 年に，ホソバウンランの変異株では，花が左右対称から放射対称に変化することが見つかった．この変異は Lcyc と呼ばれる遺伝子に作用し，変異体においてこの遺伝子の機能を止める．生物の対称性の原因は複雑で繊細である．

動物の歩容

生命体の対称性は，その形状だけでなく，その動きにも影響を与える．その現象は，四足動物の足取りというもっとも馴染みのある実例においてとくに著しい．馬は，低速では常歩，中速では速歩(はやあし)（斜対歩），高速では襲歩(しゅうほ)になる．速歩と襲歩の間に，駈歩(かけあし)という別の動きが入ることも多い．ラクダやキリンは，また別のパターンである側対歩を使う．うさぎやリスなどの多くの小動物は，跳躍する．犬は，常歩，斜対歩，跳躍を行い，猫は常歩と跳躍を行う．豚は，常歩と図 40 のような斜対歩を行う．動物界全体を見渡しても，四足動物が使っているのは，歩容（歩様）として知られている，数少ない標準的な動作のパターンなのである．

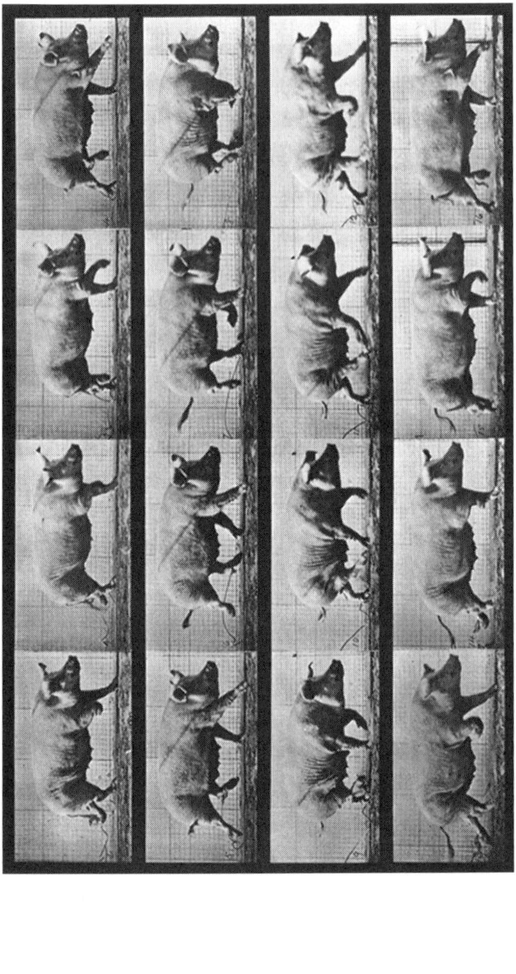

図40 ブタの斜対歩(マイブリッジ).

少なくとも，歩容の解析は，速歩で走る馬はけっして地面から完全には離れていないと主張したアリストテレスにまで遡る．この研究分野は，エアドウェアード・マイブリッジが静止画を撮る多数のカメラを並べて，運動する人間や動物の一連の写真を撮ったことで本格的になった．これによって，動物がどのように動いているかをはじめて正確に分かるようになったのである．とくに，速歩で走る馬は，その運動のある段階では完全に地面から離れていることが分かった．これによって，カリフォルニア州知事であったリーランド・スタンフォードは高額の賭け金を手に入れた．

　歩容は，動物の下す判断に従って止ったり，動き出したり，変化したりする動物の実際の運動を理想化した周期的に繰り返される動作である．理想的な歩容は，同じ歩容を周期的に何度も繰り返す．2本の脚を同じ周期で動かしていて，その一方の脚はもう一方の脚に対してある時間の遅れがあるならば，それらの時間差を位相のずれと呼ぶ．ここでは，そのような位相のずれを，1周期に対する比率として計測する．

　すべての周期的運動と同じく，歩容にも1周期の整数倍だけ位相を変えることによる時間並進対称性がある．また，動物の左右対称性という空間対称性もある．しかしながら，歩容のタイミングの規則性から，別種の対称性を考えることが示唆される．その対称性は，脚を入れ換えるという，動物自体にではなく歩容の規則性に適用されるものだ．たとえば，跳躍は，2本の前脚を同時に地面につけ，そのあと，2本の後脚を地面につける．したがって，図41のように，半周期だけ位相をずらすと前脚と後脚が入れ替わるという対称性がある．これは動物の対称性ではない．しかし，いくつかの歩容には明確に存在する対

第6章　自然のパターン

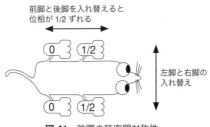

図 41 跳躍の時空間対称性.

称性であり,それは歩容の規則性をモデル化し予測する手法の一つとして必要不可欠である.

歩容研究者は,常歩,側対歩,跳躍などの対称的な歩容を,駈歩や襲歩などの非対称的な歩容を長らく区別してきた.脚の入れ替えという対称性が,この分類を詳細化し,これらの規則性を動物の神経系の構造に結びつけた.中枢性パターン生成機構として知られるこの構造は,運動の基本的リズムを制御していると考えられている.いくつかのよくある歩容のタイミングは,図 42 のように,歩容の 1 周期に対して 4 本の脚が最初に地面に着く時点の比率を用いて整理することができる.ここでは,慣

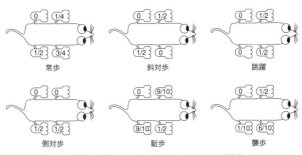

図 42 いくつかの標準的な歩容の時空間対称性.

習に従って，左後脚が地面に着く時点を歩容の1周期の始まりとする．これが数学的には都合よい．

ここで，対称的な歩容に現れる位相のずれ 1/4, 1/2, 3/4 は，おおよそこのとおりで，動物によってそれほど違いはない．これに対して，非対称的な歩容に現れる位相のずれ 1/10, 6/10, 9/10 は，動物やそれが移動する速さによって変わってくる．

これらの歩容を決める置換対称性を適切な位相のずれと組み合わせたものは，形式ばらずに記述するとつぎのようになる．

- 常歩では，1周期の間に，左前 → 右前 → 左後 → 右後の順に脚が地面に着き，隣あう脚の間にはそれぞれ 1/4 の位相のずれがある．
- 速歩では，それぞれ対角に位置する2本の脚が同期する．前脚と後脚，または左と右を入れ替えると，1/2 だけ位相がずれる．
- 跳躍では，前後それぞれの右脚と左脚が同期する．前脚と後脚を入れ替えると，1/2 だけ位相がずれる．
- 側対歩では，左右それぞれの前脚と後脚が同期する．右脚と左脚を入れ替えると，1/2 だけ位相がずれる．
- 駆歩では，対角に位置する一方の脚の対では 1/2 の位相のずれがあり，対角に位置するもう一方の対は同期する．
- 襲歩では，前脚と後脚には 1/2 の位相のずれがある．（左と右はほぼ同期しているが，厳密には同期していない．）より正確には，この歩容は，たとえば馬に見られる交叉襲歩である．チーターに見られる回転襲歩は，前脚の位相が交叉襲歩と左右逆になる．

第6章 自然のパターン

これらは，同一の振動子による閉じた環に見られるパターンとよく似ている．たとえば，0,1,2,3 と番号をつけた振動子を順次つないで輪にして，それぞれがつぎの振動子に影響する（しかし逆向きの影響はない）ようにすると，自然に生じる周期的振動（基本振動）の主要なパターンはつぎのようになる．

0	1	2	3
0	0	0	0
0	1/4	1/2	3/4
0	3/4	1/2	1/4
0	1/2	0	1/2

2 行めのパターンは，振動子を適切に脚に割り当てれば，常歩に類似している．同じ振動子の割り当て方で，3 行めのパターンは後向きの常歩である．4 行めのパターンは，振動子をどの脚に割り当てるかによって，跳躍，側対歩，速歩に類似している．

　4 個の振動子による環についての表には，歩容との関連で言及しなかった位相のずれのパターンが一つ含まれている．それは 1 行めのパターンで，4 本の脚すべてが同期しているものだ．この歩容は，ガゼルなどのある種の動物に見られ，はね跳びと呼ばれる．それは，4 本の脚すべてが同時に地面から離れて，動物自体が飛び上がるものだ．この歩容は，捕食者を攪乱するために生み出されたと考えられるが，この考察は推測にすぎない．

　このように観察されたパターンを安定したやり方で生成するために，歩容パターンの中枢性パターン生成機構がこの一般的な巡回群の対称性をもたねばならないことを支持するもっともな理由がある．これについては，M. ゴルビツキー，D. ロマーノ，Y. ワンの 'Network periodic solutions: patterns of phase-shift synchrony', Nonlinearity 25 (2012) 1045-74 を参照のこと．図式的に記述すると，観察結果をもっともよくモデル化する中枢性パターン生成機構のアーキテクチャは，ここで立ち入るにはあまりにも広範な理由によって，それぞれは鏡映対称なやり方で左右が接続された四つの神経細胞「ユニット」で構成された二つの環からなる．それぞれの環は，動物のそれぞれの側の脚の基本的なタイミングを制御するが，二つのユニットは後脚の筋肉を制御し，ほかの二つのユニットが前脚の筋肉を制御する．それぞれの脚に割り当てられたユニットは環の中で隣り合っておらず，一つおきに配置されている．このアーキテクチャから，よく見られる歩容のパターンすべてを導くことができる．襲歩と駈歩は，二つの相異なるパターンが競合する「モード干渉」である．そして，重要なことに，このアーキテクチャからは，予想しうるそのほかの数え切れないパターンは出てこないのである．歩容に関する文献は，運動の機構の詳細なモデルも含めて膨大にある．対称性の分析は，この複雑で魅力的な分野のほんの一握りの部分でしかない．

砂 丘

自然が対称的なものを作り出す傾向は，とくに砂漠を風が吹き抜けるときの砂の流れにおいて著しい．砂漠にはそれほど多くの構造はなく，風は，卓越風としてほぼ一定して同じ方向に吹くか，絶えず向きが変わるかのいずれかになりがちである．対称性を生み出す要因になりそうな地物がなさそうであっても，砂丘は，対称性がそのあたりのどこかに潜んでいるような兆候として驚くべき規則性を示す．

地質学者は砂丘を縦列砂丘，横列砂丘，バルハン（三日月型）砂丘，バルカノイド砂丘，放物線型砂丘，星型砂丘の 6 種類に大別する（図 43）．現実は，理想的な数学モデルほど対称性はなく，ここで述べる対称性はどれも近似的なものである．「砂漠」が完全に平坦かつ均質で，風が規則正しく吹くような，控えめな実験や計算機によるシミュレーションでの砂丘の対称性は，そのような概念的なものに近い．

強い卓越風が一定の向きに吹くときには，等間隔の平行な列をなす縦列砂丘と横列砂丘が生じる．実際には，これらは砂でできた縞模様である．縦列砂丘は，風の向きに並ぶ．横列砂丘

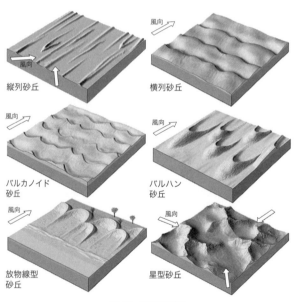

図 43 砂丘の形状

は，風の向きに直角に並ぶ．バルカノイド砂丘は横列砂丘に似ているが，その縁は，縞模様が分断しはじめたかのように，連続した波形になる．

バルハン砂丘は，その縞模様が分断したときに生じる．それぞれの砂丘は，三日月形をした砂の丘で，三日月の先端が風下を向いている．バルハン砂丘では，隣接する砂丘がつながる．モデルでは，しばしば同じ大きさ同じ形状で，格子上に等間隔に生じる．しかし，現実には，不規則な間隔で，大きさもさまざまである．砂は，砂丘の前面を吹き上がり，砂丘の頂上を越えて反対側に落ちる．砂は，三日月の先端では，その脇を流れる．その結果として，砂丘全体は，同じ形状を保ったまま，風下にゆっくりと進む．エジプトでは，村全体が進行するバルハン砂丘に飲み込まれて消滅し，その砂丘が通り過ぎた何十年後かに再び現れる．

放物線型砂丘は，見かけ上はバルハン砂丘と似ているが，バルハン砂丘とは逆に三日月形の先端が風上を向いている．放物線型砂丘は，植生が砂を覆うような浜辺にできやすい．星型砂丘は，とげのような畝をもつ孤立した丘で，これもまたしばしば塊で生じる．星型砂丘は，風向きが極めて不規則な場合に生じ，三つまたは四つの尖った腕をもつ星状形を形成する．

対称性は，これらのパターンを体系化してくれるだけではない．対称性は，これらのパターンがどのように生じるかを理解するのを助けてくれる．図44を見てみよう．砂丘は，数理物理において多くのパターンを形成する系の典型であり，これらの系についての一般的で強力な考え方の好例である．鍵となるアイディアは，対称性の破れとして知られている．一見すると，これはキュリーの非対称性原理（第2を参照のこと）に反して

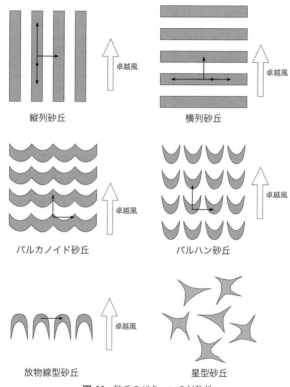

図 44 砂丘のパターンの対称性

いるように思える．なぜなら，観測された状態は，その要因よりも対称性がないからである．しかしながら，この状態を作るためには，非対称な微小の摂動が必要であり，理論的にはキュリーは間違っていない．

　まず，平坦な砂の無限に広い平面を一定の速さで一定の向きに風が吹いているという非常に均一な砂漠のモデルを考えてみよう．系の対称変換は，風向きを変えない平面の等長変換全体からなる．これらの対称変換は，平面の平行移動すべてに，風向きに平行な任意の直線に関する鏡映を合わせたものである．

　もし，砂の形状が完全に対称的ならば，どの場所でも砂は同じ深さになる．なぜなら，任意の点は，ほかのどの点にも平行移動することができるからである．したがって，均一に平らな砂漠ができあがる．しかしながら，この状態は不安定になりえて，風が均一であっても砂粒をかき乱すほど強いならば不安定になることが直感的に予想される．微小だが不規則な影響によって，ある砂粒は動くが，ほかの砂粒はその場にとどまる．わずかな凹凸が現れはじめると，それがその近くの風の流れに影響を及ぼす．出っぱりの縁から渦まく風が尾を引き，局所的に風速が大きくなる．これらの効果がフィードバックにより増幅されて，対称性が破れる．

　対称性が破れると，どうなるのだろうか．平面には2方向に独立な平行移動の対称性がある．それは，風向きに平行な向きと，風向きに垂直な向きである．垂直な向きの平行移動の対称性が破れたときにもっとも対称的な可能性は，すべての対称変換によって変わらないパターンに代わってその部分群である一定長の整数倍の平行移動によって変わらないパターンである．その結果は，この一定長の距離をおいた平行な波になる．この

波は風向きに平行なすべての平行移動の下で不変であるので，風の向きに伸びるたくさんの平行な縞模様のように見える．これが縦列砂丘である．

一方，風向きに沿った平行移動の対称性が破れると，ほぼ同じことが起こるが，この場合には風向きと垂直に波は形作られる．したがって，横列砂丘ができあがる．

バルカノイド砂丘は，横列砂丘の対称性が破れたときに形成される．すなわち，風向きに垂直なすべての平行移動の群が崩れて，尾根沿いの波形のパターンを作る離散的な部分群になる．この波形は等間隔に現れ，それらはすべて同じ形状である．この平行移動による対称変換群は格子状で，その生成元は尾根全体を1段だけ前に移動させるか，1段だけ横に移動させる．それぞれの波形は，風向きに平行で，それぞれの波形の頂点か，二つの頂点の中点を通るすべての鏡像線に関して左右対称でもある．したがって，いくつかの鏡映対称性は破れているが，別の鏡映対称性は残っている．

個々のバルハン砂丘にもこの種の鏡映対称性があるので，理論上はバルハン砂丘の連なりであるバルカノイド砂丘にもこの対称性がある．空気と砂の流れの詳細なモデルによって，三日月形状を説明することができる．その形状は，砂丘を横切る全体の風の流れから分離した大きく渦まく風によって作られる．

放物線型砂丘では，風向きに沿った平行移動の対称性が完全に破れている．放物線型砂丘は，浜辺の縁によってその場に固定されている．横向きの平行移動と，バルハン砂丘に見られるのと同様の鏡映からなる離散群の下で，放物線型砂丘は対称である．

卓越風向のないときに，星型砂丘が形成される．星型砂丘は

すべての対称性をなくしたというのがもっとも適切であろう．しかし，星型砂丘には回転対称性の形跡がある．その星状形は，風がどちらの向きにも同じように吹くという平均的な風向きの回転対称性に対応しているのかもしれない．

パターンの対称性や，それらが互いにどのように関連するかを考えるとき，非常に無秩序な一覧に見えるかもしれないものの中に秩序の度合いを見つけることから始める．対称性やそれの破れ方の群論的な解析は，もっと深い構造を明らかにする．皮肉にも，キュリーの原理は，対称な方程式に不規則な微小の摂動を加えた数学モデルよりもさらに理想的な世界，すなわち，不規則な摂動のない世界にしか適用できない．どのような規則性の説明も，対称性を破る何らかのものを含まなければならないが，そこに現れるどのようなパターンも説明することはないのである．

銀　河

銀河は美しい形状をしているが，その形状は対称的だろうか．その答えが肯定的であることの根拠を示そう．しかし，その論拠は，モデル化する際の仮定と，どんな種類の対称性を考えるかに依存している．

銀河のもっとも目に焼きつく特徴は，その螺旋形である．多くの場合，その螺旋形は対数螺旋に近い．たとえば，私たちの銀河系の渦状腕である天の川は，おおよそこの形状をしている．オウムガイの殻について論じた際，対数螺旋には，ある量だけ拡大しそれに対応する角度の回転させるという対称変換の連続的な族があることを見た．厳密にいえば，この対称変換は，完

全に無限に伸びる螺旋に対してのみ適用することができる．現実の銀河の広がりは有限であり，有限の螺旋は，拡大と回転を組み合わせた対称変換をもちえない．しかしながら，有限のパターンを理想的な無限のパターンの一部としてモデル化することは合理性があり一般的に行われているので，この反論については気にしなくてよい．実際，砂丘に対しても，この種のモデル化を用いている．もっと重要なのは，螺旋が実際に対数螺旋に近いことを確かめられるほど十分に渦状腕が伸びていないという反論である．

銀河の写真を一目見れば，その多くが 180° 回転に関する対称に驚くほど近いということが分かる．図 45 に挙げた二つの例は，回転花火銀河と NGC 1300 である．前者は渦巻銀河であり，後者は棒渦巻銀河である．それぞれの銀河の写真の横に

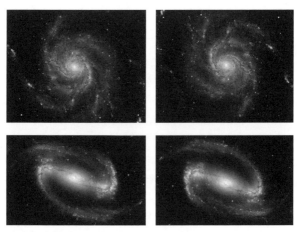

図 45 左上：回転花火銀河．右上：左上の図を 180° 回転させたもの．左下：棒渦巻銀河 NGC 1300．右下：左下の図を 180° 回転させたもの．

それを180°回転させた写真を並べてある．一見しただけでは，その違いを見つけることは難しい．

銀河系の変遷に対する現在の多くの数学的モデルに従えば，渦巻銀河や棒渦巻銀河の渦状腕はおそらく回転波であり，時間の経過によって同じ形状を保ちながら，銀河の中心のまわりを回転する（棒渦巻銀河はカオス状の変遷過程によって作られたのかもしれないという説も提唱されている．パノス・A・パトシス, 'Structures out of chaos in barred-spiral galaxies', International Journal of Bifurcation and Chaos D-11-00008 を参照のこと）．この回転波は密度波と考えられていて，もっとも密度の高い領域がいつも同じ星を含むわけではない．密度波の例として音波がある．音が空気中を伝わるとき，空気のある部分は圧縮され，その圧縮された領域が波のように移動する．しかしながら，空気の分子が圧縮波とともに移動し続けるわけではない．それらは，元の位置の近くにとどまっている．渦状腕が星の波であっても密度波であっても，回転波には，ある時間だけ待ってから適切な角度だけ回転させるという時空間対称変換の連続的な族がある．したがって，実際に銀河は高度に対称的であり，その対称性によって銀河の形状は制約される．

（近似的な）回転対称性をもつ多くの銀河は，180°回転によって不変であるが，それよりも高い回転対称性をもつ銀河もわずかばかりある．たとえば，3本の渦状腕をもつ銀河は，120°回転の下で対称である．これは現実の銀河では非常にまれなように思えるが，ある種のシミュレーションではこれが生じているし，銀河 NGC 7137 でも観測されている．天の川の渦状腕は近似的に90°の回転対称性をもつが，中心の棒の存在によって180°の回転対称性だけになってしまっている．

雪の結晶

規則性を見出すことに終生こだわりつづけたヨハネス・ケプラーは，1611年に，彼を援助しているマシュー・ワッカーに新年の贈り物を渡した．それは，ケプラーが書いた De Nive Sexangula（「六つの角をもつ雪の結晶に関して」）と題する小冊子であった．この本の主題は，図46のような膨大な種類の形状を生じるために扱いの難しい雪の結晶の悪名高い六角形の対称性である．ほかの結晶が6回対称性をもちうるのに対して，右下の結晶は3回対称性であることに注意せよ．

ケプラーは，思考実験とすでに知られている事実に基づいて，多くの1ペンス硬貨を机上で寄せ集めると自然と蜂の巣状に並ぶように，雪の結晶の「形成原理」は隙間なく詰められた球と

図46 バーモントの農家ウィルソン・ベントレーが撮影した雪の結晶．(Monthly Weather Review, 1902年発刊)

関係があるにちがいないと推測した．現在受け入れられている説明はこの方向に沿ったものである．氷の該当する形の結晶格子は，主たる対称性が六角形のわずかに凹凸のある層で構成されている．これが，雪の結晶が成長する際の六角形の「種」を作る．正確な形状は，嵐雲の温度と湿度の予測しがたい変化の影響を受けるが，これらの量が変化するスケールに比べて雪の結晶は非常に小さいので，六つの角すべてで非常に似た状態が生じる．したがって，6回対称性（すなわち，D_6）に非常に近い状態が維持される．しかしながら，不安定性によってこの対称性は破れ，異なる気象学的条件の下ではほかの物理的な作用が関与するようになる．

自然界のそのほかのパターン

　自然界のこのほかの多くの形態やパターンも，それらを生成する過程の対称性の証拠である．地球は，初期段階の太陽を取りまくガスの円盤が凝縮してできたため，ほぼ球形である．溶岩の玉が自然とエネルギーが最小の構成である球になるのは，質量の中心の回りに凝縮する過程の対称性と関わっている．さらに詳しく見ると，地球は，まだ固まらない間に自転していたために，両極のあたりが偏平になっている．こうして球の対称性が破れて回転楕円体が作られ，上下の鏡映をもつ円の対称性になった．

　戦時中のブレッチリーパーク（にあったことでこう呼ばれている英国政府暗号学校）でのエニグマ暗号に関する成果で有名なアラン・チューリングは，1956年に，ヒョウの斑点やトラの縞などの動物の模様の形成に関する数学モデルを提唱する論文

を書いた．チューリングのアイディアは，彼がモルフォゲンと呼ぶある種の拡散および反応する化学的な系が，胚の中の目に見えないパターンの芽を定め，のちにそのパターンの芽に従って色素タンパク質が作られて，これが目に見えるパターンになるというものだ．大部分の仕事は，このような反応拡散方程式によってなされているのである．それらは，生物学的な現実をかなり単純化しているが，より現実的なモデルにまで拡張されている．もっとも自然な動物の模様はこの種の方程式によって作ることができる．そして，ハンス・メイナードは，『貝殻のアルゴリズム的な美』において，この視点から貝殻の模様に関する包括的な研究を行った．遺伝子の作用を含めて，このモデルをより現実的にするためのさらなる研究が必要であるが，すでにこの方向でいくらかの進展がある．

実験室での実験により，反応拡散方程式において注目すべき一組のパターンが明らかになっている．それは，発見者（1950年代の）ボリス・ベローソフと（1961年にそれを再発見した）ザボチンスキーにちなんで名づけられたベローソフ–ザボチンスキー反応（B-Z反応）に現れる．浅い容器の中で特定の3種類の化学物質を混合し，酸化反応か還元反応かに従って青から赤に変色する4番目の化学物質を使うと，この液体は青くなり，それから均一な赤橙色になる．しかしながら，数分後には，青色の不揃いな斑点が現れ，それが広がる．その斑点が十分に大きくなると，その中心に赤い点が現れ，すぐに容器には，ゆっくりと広がる青と赤が交互になった「同心円状パターン」がいくつもできる．これをかき乱すと，同心円が崩れて回転する螺旋に変化し，これもまたゆっくりと広がる．このB-Z反応は広く研究されており，いくつかの論文では，対称性を破る手法が

適用された．これらの論文では，時間周期的なパターンの3種類の対称性がとくに自然であると予測されている．その3種類は，円の対称性，回転波，そして鏡映対称性である．これらはすべて安定になりうるが，鏡映対称性をもつ状態と回転波は同時に安定にはなりえない．さらなる分析によって，円の対称性をもつ状態は同心円状パターンと関連し，回転波は螺旋状パターンに関連することが分かっている．

　同様に，ペースメーカーの信号に生じる電気的活動の波は，心臓の筋肉に送られて心拍を制御する．ここでは，同心円状パターンが正常であり，螺旋状パターンは致命的になりうる．したがって，わたしたちは誰もが，対称性が破れるような動的変化は文字通り死活問題になるような系を自分たちの体の中に持ち歩いているのである．

第7章

万物の法則

　アルベルト・アインシュタインは，自然についてもっとも驚くべきはそれが理解可能であることだと述べた．彼の意味するところは，その根底にある法則が人間にも理解できるほどに単純だということである．自然がどのように振る舞うかはこれらの法則の結果であり，単純な法則から極度に複雑な振る舞いが生み出される．たとえば，太陽系の惑星の動きは，重力と運動の法則に支配されている．これらの法則は（ニュートンによる古典的なものであってもアインシュタインによる相対論的なものであっても）単純であるが，太陽系はそれほど単純ではない．

　ここで，「法則」という用語は，最終決定的な意味合いを誤って想起させる．すべての科学的法則は，暫定的，すなわち，高い精度まで有効でそれよりもよいものが現れるまで使われる近似である．

　自然法則でもっとも興味深い特徴の一つは，私たちがそう理解しているように，対称的であるということだ．前章ですでに見たように，方程式（法則）の対称性がいつも振る舞い（解）の

対称性を意味するとは限らない.一般に,自然法則は自然そのものよりも対称的であるが,自然法則の対称性は破れることがある.自然の振る舞いによって示されるパターンは,破れている対称性の手がかりを与えてくれる.とくに物理学者は,新しい自然法則を見つけようとするときには,この観察がきわめて重要であると気づいている.

＊＊＊

この分野における基本的な定理の一つとして,1918年にエミー・ネーターが証明したネーターの定理がある.ハミルトン形式は,摩擦のない力学の方程式の一般的な形式である.ネーターの定理は,ハミルトン系が連続的な対称性をもつときには必ずそれに付随する保存量があるというものだ.「保存される」というのは,この系が動いている間,この量が変化しないという意味である.

たとえば,エネルギーは保存量である.これに対応する連続的な対称性,すなわち,連続的な変数をパラメータとする対称変換の群は,時間方向の並進(平行移動)である.自然法則は,どの時刻においても変わることはない.すなわち,時刻を t から $t+\theta$ に平行移動させても,自然法則にいかなる違いも見当たらない.ネーターの証明方法に従えば,それに対応する保存量はエネルギーである.空間における並進(自然法則はどの場所でも変わることはない)に対応するのは運動量の保存である.回転はまた別の連続的な対称変換を生み出すが,その保存量は回転の軸に関する角運動量である.ニュートン,オイラー,ラグランジュなどの古典力学の偉人らが発見した重要な保存法則は,すべて対称性からの帰結なのである.

* * *

連続的な対称性を研究するための標準的な枠組みは,ノルウェーの数学者ソフス・リーにちなんで名づけられたリー群論である.結果として得られる構造はリー群であり,それにはリー代数(リー環)が付随している.リー群論の中心となるアイディアへの足がかりとするために,例として特殊直交群 $\mathbf{SO}(3)$ を考える.$\mathbf{SO}(3)$ は,3次元空間のすべての回転で構成されている.回転は,固定されたままの軸と,どれだけ回転するかという角度によって決まる.これらの変数は連続であり,任意の実数値をとることができる.したがって,この群は,群の構造と同様に自然に位相的構造をもつ.さらに,この二つの構造は密接に関連している.対をなす群の元が,別の対をなす元とそれぞれ近くにあるならば,それぞれの対の元どうしの積もまた近くにある.すなわち,群の演算は連続写像である.実際にはそれ以上のことが成り立つ.微積分の演算を適用することができ,とくに導関数を計算できる.群の演算は微分可能であることが分かる.

さらに強力なことに,この群は高次元の滑らかな曲面に類似した幾何学構造をもつことがいえる.その次元を決めるために,二つの数によって回転の軸を指定し(たとえば,軸が単位球面の北半球と交わる点の経度と緯度とする),もう一つの数で回転する角度を指定したとしよう.すると,それほど難しい計算をするまでもなく,$\mathbf{SO}(3)$ は3次元空間であることが分かる.

代数的には,$\mathbf{SO}(3)$ は,行列式が1であるすべての 3×3 直交行列で構成される群と定義することができる.I を恒等行列とし,$^\mathrm{T}$ で転置を表すとき,行列 M は,$MM^\mathrm{T} = I$ となるな

らば，直交行列である．このとき，また別の種類の行列と重要な結びつきがある．任意の行列 M の指数演算は，つぎのような収束する級数によって定義することができる．

$$\exp M = I + M + \frac{1}{2!}M^2 + \frac{1}{3!}M^3 + \cdots + \frac{1}{n!}M^n + \cdots$$

そして，簡単な計算によって，**SO**(3) に属する行列は，いずれもある歪対称行列（反対称行列）の指数になり，またその逆も成り立つ．歪対称行列は，$M^\mathrm{T} = -M$ となる行列 M である．

二つの直交行列の積はつねに直交行列であるが，二つの歪対称行列の積は必ずしも歪対称行列ではない．しかしながら，二つの歪対称行列 N と M の交換子

$$[N, M] = NM - MN$$

は，つねに歪対称行列になる．交換子の下で閉じた行列のベクトル空間はリー代数（リー環）と呼ばれる．こうして，特殊直交群に付随したリー代数がえられ，このリー代数は指数写像によって特殊直交群に写される．

より一般的には，リー群は，群の演算（積や逆元）が滑らかな写像になるような特定の種類の幾何学構造ももつ任意の群でよい．すべてのリー群にはそれに付随する実リー代数があり，そのリー代数はその群の単位元の近くの局所的な構造を記述する．つぎにこれが，複素リー代数を決める．複素リー代数を用いると，リー群をいくつかの重要な型に分類すること，すなわち，リー群の構造を決めることが可能になる．その第 1 段階は，複素単純リー代数を分類することである．複素単純リー代数とは，複素リー代数 L で，$[L, K] \subseteq K$ となる（0 と L 以外の）部分代数 K を含まないようなものである．このような部分代

第 7 章 万物の法則

数はイデアルと呼ばれ,その性質は正規部分群のリー代数と類似したものになる.

1890 年に,ウィルヘルム・キリングは,すべての複素単純リー代数を完全に分類した.その分類には,二,三の誤りと見落としがあったものの,すぐに修正された.この分類は,今ではディンキン図形として知られるグラフを用いて表現される.ディンキン図形は,ルート系と呼ばれるある種の幾何学構造を規定する.すべての複素単純リー代数はルート系をもち,このルート系がそのリー代数の構造を完全に決定する.ディンキン図形を図 47 に示す.ディンキン図形には 4 種類の無限の族があり,それぞれ A_n $(n \geq 1)$, B_n $(n \geq 2)$, C_n $(n \geq 3)$, D_n $(n \geq 4)$ と表記される.それに加えて,5 種類の例外的な図形があり,それぞれ G_2, F_4, E_6, E_7, E_8 と表記される.これらのリー代数の($\mathbb{C}$ 上のベクトル空間としての)次元を表 7 に示す.

分類定理に現れる 4 種類の無限の族のリー代数は,交換子を

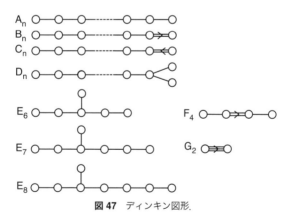

図 47 ディンキン図形.

表7 複素単純リー代数の分類

リー代数	次元
A_n	$n(n+2)$
B_n	$n(2n+1)$
C_n	$n(2n+1)$
D_n	$n(2n-1)$
G_2	14
F_4	52
E_6	78
E_7	133
E_8	248

演算とする行列として表現することができる．A_n 型のリー代数は特殊線形リー代数 $\mathfrak{sl}_{n+1}(\mathbb{C})$ であり，跡（トレース，すなわち対角成分の和）が 0 の $(n+1) \times (n+1)$ 複素行列すべてで構成される．B_n 型のリー代数は，$\mathfrak{so}_{2n+1}(\mathbb{C})$ と表記され，$(2n+1) \times (2n+1)$ 複素歪対称行列で構成される．D_n 型のリー代数は，$\mathfrak{so}_{2n}(\mathbb{C})$ と表記され，$2n \times 2n$ 複素歪対称行列で構成される．そして，C_n 型のリー代数は，$\mathfrak{sp}_{2n}(\mathbb{C})$ と表記され，$2n \times 2n$ 複素シンプレクティック行列で構成される．シンプレクティック行列はつぎのように分割したブロックで表すことができる．

$$\begin{bmatrix} X & Y \\ Z & -X^{\mathrm{T}} \end{bmatrix}$$

ここで，X, Y, Z は $n \times n$ 行列であり，Y と Z は対称行列である．

複素単純リー代数は単純リー群の分類における基礎となるが，実数から複素数に移る際に複雑になる要因がいくつかある．なぜなら，リー群の幾何学構造は実座標によって定義されている

からである.それぞれの単純リー代数はいくつかの「実形式」をもち,それらの形式は異なる群に対応する.さらに,それぞれの実形式に対して,群の選び方にいくつかの自由度が残されている.その中心で割った商群が同型となる群は,同じリー代数をもつ.それにもかかわらず,全体像を完全に把握することができるのである.

* * *

リー群は,必ずしも単純群ではない.よく知られた例として,専門的な名前は示さなかったが,本書のあちらこちらで何度か調べた平面のすべての等長変換からなるユークリッド群 $\mathbf{E}(2)$ がある.この群は,部分群としてすべての平行移動からなる $\mathbb{R}^2$ をもつ.この部分群は正規部分群である.また,$\mathbf{E}(2)$ は,すべての回転と鏡映を含み,それらの次元は 3 である.同様にして,群 $\mathbf{E}(n)$ にも同じような性質があり,その次元は $n(n+1)/2$ である.ニュートンによる古典力学の方程式は,ユークリッド群に関して対称的であり,また,時間並進に関しても対称的である.そして,前に述べたように,ネーターの定理によって,連続的な部分群からの帰結として古典的な保存量の存在が説明される.

　古典(すなわち,相対論的でない)力学において重要な別の群としてガリレイ変換群がある.ガリレイ変換群は,相対的に一定の速度で互いに移動している二つの異なる座標系(基準系)を結びつけるために使われる.この場合には,ユークリッド群の変換に加えて,等速度運動に対応する変換が必要になる.

　現代的な視点からすると,古典力学においてもっとも重要な役割を果たす対称性は,ウィリアム・ローワン・ハミルトンに

よる単一の関数を用いた（古典力学の）再定式化と関係している．この関数は，その系のハミルトニアン（ハミルトン関数）と呼ばれる．ハミルトニアンは，位置と運動量の関数として表現されたエネルギーと解釈することができる．それを適切に変換するのは，シンプレクティック形式になる．古典力学における最先端の研究は，いまやシンプレクティック幾何学の枠組みで行われているのである．

特殊相対論においても，ユークリッド群によく似た別のリー群が現れる．この場合には，3次元空間の通常の平方距離関数

$$d^2 = x^2 + y^2 + z^2$$

のかわりに，時空の事象間の「間隔」（世界間隔）

$$d^2 = x^2 + y^2 + z^2 - c^2 t^2$$

を用いる．ここで，t は時間を表す．

時間項の係数 c^2 は，単に時間の計測単位を変えるだけであるが，その前に置かれた負の符号は，時空の数学と物理学を劇的に変える．原点を動かさず，間隔を不変にする時空の変換群は，物理学者ヘンドリック・ローレンツにちなんでローレンツ群と呼ばれる．ローレンツ群は，相対論において相対的な運動がどのように行われるかを規定する．物体が高速に近づくと，長さは縮み，時間は遅延し，質量は増加するという直感に反する相対論の特徴にローレンツ群は関わっている．

* * *

ほんの100年前までは，多くの科学者は，物質が原子からできているとは信じていなかった．実験および理論による裏付けが

増えるに従って，原子論はようやく整備され，そして標準的な理論になった．当初，原子は，ギリシャ語でその語が意味するように分けられないものと考えられていたが，電子，陽子，中性子という3種類の粒子からできていることが分かった．それぞれの粒子がいくつずつあるかによって，原子の化学的性質が決まり，ドミトリ・メンデレーエフの元素周期表の意味が明確になった．しかし，すぐに別の粒子が登場した．ほかの粒子とはほとんど相互作用がないために，その存在に気づかれることなく地球を通り抜けることのできるニュートリノや，電子と正反対の性質をもつ反物質でできた陽電子をはじめとして，数多くの粒子が追加された．あっという間に，「基本的」と称される粒子がひしめき合い，その数は周期表に含まれる元素よりも多くなった．

　同時期に，自然界には，重力，電磁力，弱い相互作用，強い相互作用という4種類の基本的な力があることが明らかになった．力は粒子によって「運ばれ」，粒子は量子場と結びついている．場は空間全体を覆い，時間とともに変化する．粒子は，局所化された場の小さな塊である．場は，沸き立つ粒子の集まりである．場は海のようなもので，粒子は孤立波のようなものだ．たとえば，光子は，電磁場と結びついた粒子である．波と粒子を分離することはできない．その一方なしには，もう一方もありえないのである．

　このような全体像が一歩ずつ徐々に組み上げられるに従って，対称性の果たす不可欠な役割がますます顕著になった．対称性は量子場を体系化し，それゆえ，粒子は対称性と結びついた．このような活発な研究の中から，図48のような，真に基本的な粒子についてのこれまででもっとも優れた理論が現れた．こ

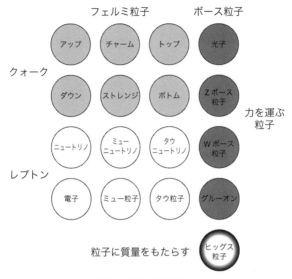

図 48 標準模型の粒子.

れは標準模型と呼ばれる. 粒子は,(異なる統計的性質をもつ)フェルミ粒子とボース粒子に分類され, また, それぞれがクォークとレプトンに分類される. 電子はここでも基本的な粒子であるが, 陽子と中性子はそうではない. それらは6種類あるクォークのうちアップとダウンにより構成される. 3種類のニュートリノがあり, 電子にはミュー粒子とタウ粒子という2種類の仲間がある. 光子は電磁力を運ぶ粒子である. Zボース粒子とWボース粒子は弱い相互作用を運ぶ. グルーオンは強い相互作用を運ぶ.

ここまでに述べた粒子だけから構成する理論ではすべての粒子の質量は0であることになるが, これは観測の結果とつじつ

まが合わない．このジグソーパズルの最後のピースはヒッグス粒子で，これが粒子に質量をもたらす．ヒッグス粒子に対応する場は，ほかの場と異なり，真空中でも 0 にならない．ヒッグス場を粒子が移動すると，ヒッグス場との相互作用によって，質量と解釈できる振る舞いがその粒子に与えられる．2012 年に，この理論上のヒッグス粒子と矛盾しない新たな粒子が CERN（欧州原子核研究機構）の大型ハドロン衝突型加速器で検出された．これが予想されていたヒッグス粒子に厳密に対応するものか，あるいは新たな物理につながる何か別のものかを判断するためには，さらなる観測が必要であろう．

対称性は，粒子の分類において必要不可欠である．なぜなら，量子系のとりうる状態は，その根底にある方程式の対称性によってある程度決定されるからである．具体的には，対称変換群が量子波動関数の空間にどのように作用するかが問題になる．量子系の「純粋状態」，すなわち，観測が行われたときに検出することのできる状態は，この方程式の固有関数と呼ばれる特別な解に対応していて，対称変換群から求めることができる．高度な数学が行っていることは，一般的な言い方をするとつぎのようになる．

わかりやすい例は，フーリエ解析である．フーリエ解析では，2π を周期とする任意の関数を，変数の整数倍の正弦と余弦の線形結合によって表現する．複素数を用いると，2π を周期とする任意の関数は，指数関数 e^{nix} の複素係数をもつ無限級数として表される．このとき，これに関わる対称変換群は，2π を法とする x のすべての平行移動からなる．これは，物理的には，周期関数の位相のずれを表している．その結果として得られる群 $\mathbb{R}/2\pi\mathbb{Z}$ は，円周に対する群 **SO**(2) と同型である．したがっ

て，状況は，周期 2π の関数全体のベクトル空間に対して位相をずらす $\mathbf{SO}(2)$ の作用に関して対称である．フーリエ解析は，数理物理学における熱伝導方程式や波動方程式の研究に端を発しており，これらの方程式は，周期的解の位相のずれを実現する $\mathbf{SO}(2)$ を対称変換群とする．特定の n に対する解 e^{nix} は，特別な解である．熱伝導方程式の文脈においては，これらの関数，というよりむしろその実部が固有振動としてよく知られている．音楽では，振動するものは弦であり，固有振動は基音とその倍音になる．

この数学をもっと深く解釈するために，$\mathbf{SO}(2)$ が周期関数の空間にどのように作用するかを考える．この空間は，無限次元の実ベクトル空間である．固有振動が張る部分空間は，部分空間が 1 次元になるゼロ振動を除き，2 次元である．この空間の（実）基底は，$n = 0$ の場合を除いて，関数 $\cos nx$ と $\sin nx$ で構成される．$n = 0$ の場合は，正弦の項は 0 になるので省かれ，余弦の項は定数である．このような部分空間はそれぞれ対称変換群の下で不変，すなわち，固有振動波の位相をずらしても固有振動波になる．これは，複素成分を使うともっとも簡単に確かめることができる．なぜなら，$e^{ni(x+\phi)} = e^{ni\phi}e^{nix}$ であり，$e^{ni\phi}$ は複素定数だからである．実成分では，$\cos(x+\phi)$ と $\sin(x+\phi)$ がいずれも $\cos x$ と $\sin x$ の線形結合になる．

e^{nix} で張られる部分空間に対する作用は，幾何学的には，角度 $n\theta$ の回転である．したがって，それぞれの部分空間は $\mathbf{SO}(2)$ の表現を与え，それは，$\mathbf{SO}(2)$ に同型な線形変換群，または，より一般的にはその準同型写像の像である．この線形変換は行列に対応し，その表現は，このようなすべての行列（によるそれ自体への写像）の下で不変になるゼロでない真部分空間がな

ければ,既約である.つまり,対称性の視点からすると,フーリエ解析の行っていることは,周期 2π の関数の空間において $\mathbf{SO}(2)$ の表現を既約表現に分解することである.これらの既約表現は,整数 n のおかげで,すべて相異なる.

この状況設定は,$\mathbf{SO}(2)$ を任意のコンパクト・リー群で置き換えることによって一般化することができる.表現論の基本定理によって,このような群の任意の表現は既約表現に分解することができる.この場合も,$e^{ni(x+\phi)} = e^{ni\phi}e^{nix}$ であり,$e^{ni\phi}$ は定数であるから,固有振動 e^{nix} は,この群で与えられるすべての行列の固有ベクトルであることに注意しよう.

量子力学でも同様であるが,波動方程式の代わりにシュレーディンガーの方程式か量子場の方程式を用いる.これらの定式化には,複素数が最初から組み込まれている.固有振動に相当するのは固有関数である.したがって,方程式のすべての解,すなわち,モデル化された系の量子状態は,固有関数の線形結合(重ね合わせ)である.重ね合わされた状態それ自体が観測されることはなく,個々の固有関数だけが観測されうるということが,実験と理論から示唆されている.より正確には,重ね合わせを観測するためには細心の注意が必要で,特殊な環境でのみ可能となる.最近までは,それは不可能であると信じられていた.このような示唆は,ある意味でどのような観測もその状態を固有関数に「つぶす」というコペンハーゲン解釈と関連している.この説は,シュレーディンガーの猫や量子力学の多世界解釈のような擬似哲学的な発想につながる.しかしながら,今ここで必要なのは,その背後にある数学である.その数学によって,観測しうる状態は,この方程式の対称変換群の既約表現に対応していることが分かる.素粒子物理学では,観測しうる状

態は粒子である．したがって，対称変換群とその表現は，素粒子物理学の基本特性である．

歴史的には，粒子物理学における対称性の重要さは，電磁気と重力を統一しようと試みたヘルマン・ワイルにまで遡る．ワイルは，適切な対称変換は空間尺度，すなわち「ゲージ」の変化であるべきだと提唱した．このアプローチはうまくいかなかったが，朝永振一郎，ジュリアン・シュウィンガー，リチャード・ファインマン，そしてフリーマン・ダイソンはそれを修正し，「ゲージ対称性」の群 $U(1)$ を元にして最初の電磁気の相対論的量子場の理論を得た．この理論は，量子電磁気学と呼ばれている．

そのつぎの大きな進展は，当時基本的と考えられていた粒子のうち，中性子，陽子，ラムダ粒子，3種類のシグマ粒子，2種類のグザイ粒子の8種類を統合する「八道説」の発見であった．

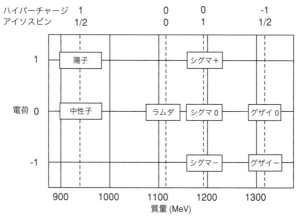

図 49 八道説により体系化された粒子の族．

第 7 章 万物の法則

図49に，これらの粒子それぞれの質量，電荷，ハイパーチャージ，アイソスピンを示した（それぞれの用語が何を意味するかは気にしなくてよい．それらは，ある種の量子的性質を特徴づける数値である）．この8種類の粒子は自然に4種類に分類され，それぞれのグループではハイパーチャージとアイソスピンはともに同一であり，質量もほとんど等しい．その4種類はつぎのとおりである．

1重項： ラムダ粒子
2重項： 中性子，陽子
2重項： 2種類のグザイ粒子
3重項： 3種類のシグマ粒子

それぞれのグループにつけた名称は，何種類の粒子を含んでいるかを示している．

八道説は，この8種類の粒子の「族」を群 $U(3)$ の特定の8次元既約表現を用いて解釈する．その既約表現の選択には，うまく物理学的な動機づけがされている．時間を無視することによって，この対称性は同じ8次元空間に作用する部分群 $SU(3)$ に分解される．$SU(3)$ の表現は，それぞれの次元が1, 2, 2, 3の四つの既約な部分空間に分解される．これらの次元は，それぞれの族に含まれる粒子の数に対応している．同じ族に含まれる粒子は，$SU(3)$ の同じ既約表現に対応していて，$SU(3)$ の対称性によって同じ質量，ハイパーチャージ，アイソスピンをもつ．同じアイディアを別の10次元表現に適用すると，その時点では知られていなかった新しい粒子の存在が予言され，それはオメガ・マイナスと呼ばれた．粒子加速機による実験でこの粒子が観測されたことで，対称性を用いるアプローチは広く

受け入れられるようになった.

これらのアイディアを足場にして,アブドゥス・サラム,シェルドン・グラショー,スティーブン・ワインバーグは,量子電磁気学と弱い相互作用の統一を成し遂げた. $U(1)$ ゲージ対称性をもつ電磁場に加えて,彼らは新たな場を導入した.この新しい場のゲージ対称性は,群 $SU(2)$ を形成し,これらを組み合わせた対称変換群は $U(1) \times SU(2)$ になり,これがボース粒子である4種類の基本粒子と結びついている.ここで,$\times$ は,二つの群が独立に作用することを表す.この結果は電弱統一理論と呼ばれている.

強い相互作用は,量子色力学の考案によって理論に組み込まれた.量子色力学は,$SU(3)$ をゲージ対称性とする第3の量子場の存在を仮定する.これら三つの場とそれら三つの群を組み合わせて,$U(1) \times SU(2) \times SU(3)$ を対称変換群とする標準模型が生まれた.$U(1)$ の対称性は厳密であるが,あとの二つは近似的なものである.その二つは超高エネルギー状態では厳密になると考えられている.これら三つの群はいずれも連続的な対称変換の族を含み,ネーターの定理によって,それらに結びついた保存量があることが分かる.その保存量は,電荷,アイソスピン,ハイパーチャージといった,フェルミ粒子に結びついたさまざまな「量子数」であることが分かる.実質的には,量子世界におけるこれらの基本的な対称性を用いて粒子物理学全体を説明することができる.

* * *

まだひとつ欠けている力がある.それは重力である.それは,重力場に結びついた粒子であるべきである.それが存在するな

らば,重力子と呼ばれることになるだろう.しかしながら,重力と量子色力学を統一することは,この群の組み合わせにもう一つ別の群を追加するということだけではすまない.重力の現在の理論は一般相対性理論であり,それは,量子色力学の定式化とはしっくりとまとまらない.そうであったとしても,対称性の原理は,これらの四つの力の統一の試みのうちでもっともよく知られた超弦理論を支持する.この「超」というのは,超対称性として知られる仮説の対称性を指している.この対称性が通常の粒子それぞれに超対称粒子を結びつけている.

弦理論は,点である粒子を振動する「弦」に置き換える.弦は,もともとは円と見られていたが,今ではもっと高次元であると考えられている.これに超対称性を組み込むことによって,超弦になる.1990年までに,理論的研究によって超弦理論として5種類の可能性があることが分かり,それぞれタイプ I, IIA, IIB, HO, HE と名づけられた.対応する対称変換群は,それらが量子場に作用するやり方に起因してゲージ群と呼ばれていて,それぞれ,特殊直交群 $\mathbf{SO}(32)$,ユニタリ群 $\mathbf{U}(1)$,自明な群,$\mathbf{SO}(32)$,$E_8 \times E_8$ である.最後の $E_8 \times E_8$ は,二つの例外型リー群 E_8 の複製がそれぞれ別のやり方で作用する.これら5種類はすべて空間に6次元の余剰次元を追加する必要があるが,それらは,しっかりと丸まっているので観測できないか,あるいは,我々が4次元時空の「ブレーン(膜)」に閉じ込められているために近づくことができないのであろう.

それから間もなくして,エドワード・ウィッテンが,この5種類の理論すべてを,7次元の余剰次元をもつ M 理論ひとつに統一した.理論物理学者の多大な努力にもかかわらず,超弦理論に対する確固とした証拠はまだ見つかっていない.それで

も，基礎物理におけるその結末がどのようなものになるとしても，超弦理論は数学にも数多くの実りをもたらした．

　超弦理論の代わりになる多くの理論が研究されてきたし，いまも研究されている．基本粒子間の衝突の特性を計算する新たな方法は，超弦理論を応用した計算を大幅に単純化した．重力と自然界のそのほかの三つの力を統一する超重力と呼ばれる以前の試みも復活させた．それは，1980年代にほとんど見捨てられたものであった．なぜなら，計算すると意味のない無限大に発散する量が現れると信じられていたからである．しかし，この新しい手法は，少なくとも昔の計算のいくつかは誤った結論に達していたことを示している．この新たなアプローチは，ユニタリー性の手法と呼ばれている．

　この新しい計算手法が置き換えようとしている方法は，長年使われてきた，粒子の衝突を表現するファインマン図に基づいている．もっとも単純な衝突でさえ，無限に多くのファインマン図を含む．なぜなら，量子力学は，余分な粒子が一時的に出現してまた消滅することを許すからである．これらの「仮想粒子」を直接観測することはできないが，計算には起こりうるファインマン図すべてを足し合わせる必要があるため，それらの仮想粒子によってさらに追加項が生成される．リチャード・ファインマンは，量子電磁気学に対してこの手法を導入した．この場合，この無限級数はかなり急速に収束するので，複雑な図に対応する項は無視できる．しかし，量子色力学においては，結合力がもっと強いために，級数の収束は遅くなり，項数は爆発的に増えてしまう．

　しかしながら，不思議なことに，最終結果はしばしば非常に単純になる．膨大な一連の項が相殺されているように見える．

第7章　万物の法則

ユニタリー性の手法では，すべての選択肢の確率は合計すると1でなければならないという確率の基本性質を利用して，これらの項を一気に取り除く．何百万ものファインマン図を含めた和が，1ページに収まる公式で置き換えられる．ユニタリー性の手法は，対称性原理や新たな組合せ論的アイディアも用いている．

超重力は，超弦理論とは異なり，粒子を点として表現する．1995年前後に，スティーブン・ホーキングは，望ましくない発散を作り出しているようにみえる計算には裏づけのないいくつかの仮定が含まれていることを理由に超重力を見直すことを提唱した．しかし，ファインマン図を用いてこれ以上正確に計算を実行することは不可能であった．たとえば，3個の仮想重力子を含む衝突には，10^{20}個の項を足し合わせる必要があった．2007年に，ユニタリー性の手法によって，これらの項は20個未満に減らせることが分かった．これで，正確な計算が実行可能になり，1980年代に疑わしく思われていたいくつかの発散は生じないことがわかってきた．興味深いことに，これまで研究されてきた例において，重力子は2個のグルーオンを重ねたように振る舞う．例えていうならば，重力は，強い相互作用の2乗のようなものである．この特性が，単純な反応における偶然の一致ではなく，一般的に正しいのであれば，これまで考えられていたよりも重力はほかの3種類の力にもっと似ているといえるだろう．そこから計算上扱いやすい新しい統一場の理論へと続くかもしれない．

第8章

対称性の原子

　19世紀のもっとも重要な科学的成果のひとつとして，メンデレーエフによる周期表の発見がある．周期表は，物体の基本構成要素を同じような性質をもつ物質の集合として体系化した．これらの基本構成要素は，それよりも小さい分子に分割することのできない化学的分子として，原子と呼ばれた．それらは一まとめにして元素と呼ばれる．20世紀になってから，原子はそれ自体がさらに小さい粒子によって構成されていることが分かったが，それまでは，原子は不可分な物質の粒子と定義されていた．実際，その名前は，「不可分」を意味するギリシア語である．これまで，118種類の元素が特定されていて，そのうちの98種類は自然界に存在する．残りは，核反応によって合成されたものであり，(自然界にある18種類とともに)すべて放射性で，その多くは寿命が短い．

　大雑把な比喩でいえば，すべての有限対称変換群は，きちんと定義されたやりかたで，「不可分」な対称変換群，いわば，対称性の原子に分解することができる．これらの有限群の基本的

な構成要素は，単純群として知られている．「単純」というのは，それらの何かが簡単であるということではなく，「複数の部分から作られてはいない」という意味である．原子を組み合わせて分子が作られるように，単純群を組み合わせてすべての有限群を作ることができる．

比喩を続けるならば，20世紀のもっとも重要な数学的成果のひとつとして，対称性についての一種の周期表の発見がある．この表は，無限に多くの群を含むが，それらの多くはいくつかの族として並べられている．そのほかに，どの族にも収まることのない単純群がいくつかある．これらは，ひとりぼっちで生きていくことを運命づけられた数学的な孤児である．すなわち，散在単純群として知られる，一つかぎりの風変わりな産物なのである．散在単純群は26種類ある．

有限単純群の分類定理の証明は，最初に完成したときには，数学の論文として1万ページほどにも及んだ．以来，証明をまとめる過程で得られた知見を活用して証明は手直しされ，今ではそれが完成した際には5000ページになると見積もられている．そして，さらに整理された第3世代の証明も検討中である．しかしながら，どのような証明も，今に始まったことではなく，尋常でない長さにならざるをえないことは明らかである．なぜなら，その答えそのものが複雑であるからだ．それどころか，その証明に5000ページが必要だとすれば，なおさらそれを成しえたことが驚きである．

* * *

第4章で，群からそれよりも小さな群を取り出す2通りの方法を述べた．その2通りは，いずれも群論の初期の先駆者らによっ

て発見されたものである．このような考え方のうちでもっとも分かりやすいのは，群の部分集合それ自体が群になる部分群である．もうひとつは商群であり，商群は正規部分群として知られる特別な種類の部分群と結びついているのを見てきた．商群を直感的に可視化する方法として，群の元に色を塗ると考えたことを思い出そう．与えられた二つの色のどのような元を組み合わせても，その結果がつねに同じ色になるのならば，その色そのものが群を形成し，これが商群になる．これに対応する正規部分群は，単位元と同じ色の元すべてから構成される．2個以上の元をもつすべての群は，少なくとも二つの商群をもつ．その一つは，群のすべての元を同じ色に塗る場合で，その商群には元が一つしかない．もう一つは，すべての元を異なる色に塗る場合で，その商群はもとの群に等しい．いずれの場合も，とんでもなく面白みがない．商群がこの二つしかないならば，もとの群を単純群という．

位数が素数の巡回群を除けば，最小の単純群は，60個の元をもつ交代群 $\mathbf{A}_5$ である．この群は，第3章で論じた正20面体の回転対称変換の群に同型である．$\mathbf{A}_5$ が単純であることを簡単で手っ取り早く証明するための基本情報は，第3章の表4にある．鍵となるアイディアは，ある群の正規部分群がある元 h を含むならば，その正規部分群はそのすべての共役 $g^{-1}hg$ も含まなければならないということである．ここで，g は，群全体の上を動くものとする．共役は，幾何学的にいえば，「別の場所で同じことを行う」という意味であることを思い出そう．したがって，同じ種類の対称変換は，互いに共役になる．このような「共役類」の大きさは，1, 12, 12, 15, 20 である．どのような正規部分群も，これら共役類いくつかの和集合でなければな

らない．さらに，正規部分群は単位元（元が一つしかない共役類）を含まなければならず，また，ラグランジュの定理によってその位数は 60 を割り切らなければならない．したがってつぎの式の解を探すことになる．

　　$1 + (12, 12, 15, 20$ の中からいくつかを選んだもの$)$ が
　　60 を割り切る

そして，その解は

$$1 = 1$$
$$1 + 12 + 12 + 15 + 20 = 60$$

だけであることが簡単に分かる．それゆえ，正規部分群は単位元だけの群とこの群全体しかなく，そのことから，この群は単純群になる．

共役類を置換の巡換分解と結びつけることによって，同じ論拠を直接 $\mathbf{A}_5$ に適用することもできる．また，同じようにそれが単純群であることを証明するほかのやり方もある．ガロア理論の現代的な取扱いでは，$\mathbf{A}_5$ の単純性を使って，5 次方程式がべき根を用いて解けないことを証明する．重要な技術的詳細を大幅に省くと，中心となるアイディアは，べき根を取り出すのは方程式の対称変換群の商群で巡回群となるものを形成するのと等価ということだ．自明でない商群がなければ，巡回群になる商群もないので，べき根によって方程式を簡単にすることはできない．

単純群は，大雑把にいえば，素数に似ている．数論では，すべての整数は素因数の積として書くことができる．さらに，これらの素因数は，それらが積に現れる順序を除けば一意に決ま

る．有限群においても同じように，ジョルダン–ヘルダーの定理として知られる主張が成り立つ．この定理は，任意の有限群は有限個の単純群に分解でき，これらの「組成因子」はその分解に現れる順序を除けば一意に決まるというものだ．より正確には，任意の有限群 G に対して，部分群の列

$$\mathbf{1} = G_0 \subseteq G_1 \subseteq G_2 \subseteq \cdots \subseteq G_r = G$$

で，それぞれの部分群は右隣の群の正規部分群であり，すべての商群 G_{m+1}/G_m が単純群になるものが存在する．

たとえば，$n \geq 5$ とするときの $G = \mathbf{S}_n$ に対して，部分群の列は

$$\mathbf{1} \subseteq \mathbf{A}_n \subseteq \mathbf{S}_n$$

となり，この組成因子は

$$\mathbf{A}_n/\mathbf{1} \cong \mathbf{A}_n, \quad \mathbf{S}_n/\mathbf{A}_n \cong \mathbf{Z}_2$$

である．$\mathbf{S}_2, \mathbf{S}_3, \mathbf{S}_4$ の性質を使うと，バビロニアやルネサンス期のイタリアで知られていた2次，3次，4次方程式のべき根による解を求めることができる．群が使えるようになる前の時代でも，ガウスは同様の手法を使って定規とコンパスによる正17角形の作図法を発見した．今では，ガウスの作図法は，$\mathbf{GF}(17)$ のゼロでない元からなる乗法群の組成因子という視点で解釈することができる．

* * *

どのような数も，その素因数をすべて掛け合わせることによって，一意にもとの数に復元できる．これは，群の場合には成り立たない．同じ組成因子から，いくつもの異なる群を作ること

ができる.したがって,素因数分解の例えは,かなり不正確である.それにもかかわらず,群論において単純群は,数論において素数が果たすのと同じく重要な役割を演じるのである.

もう少し似た例えとしては,すでに紹介した分子と原子がある.すべての分子は原子の一意な集合で構成されるが,与えられた原子の集合に対して,多くの異なる分子が対応することがある.その簡単な例として,エタノールとジメチルエーテルがある.これらはいずれも6個の水素原子,2個の炭素原子,1個の酸素原子で構成される.しかしながら,これらの原子は,図50のように異なるつながり方をしている.これが,単純群を有限群の原子に例えることの理由のひとつである.

単純群の探索は,ガロアの時代に始まり,150年にも及ぶ代数学者の関心の的となった.もっとも自明な単純群は,素数 p を位数とする巡回群 $\mathbf{Z}_p$ である.これは,「群」や「単純」が定義されるまでは単純群と明示的に認識されることはなかったが,これらが単純である理由,すなわち,素数には自明でない約数がないことは,ユークリッドにまで遡る.ほかのすべての単純群とは異なり,巡回群は可換群である.

ガロアは,1832年に最初の可換でない単純群を見つけた.それは,素数 $p \geq 5$ を元の個数とする有限体上の幾何に付随する,2次元の射影特殊線形群 $\mathbf{PSL}_2(p)$ である.この群は,体 $\mathbb{R}$ およ

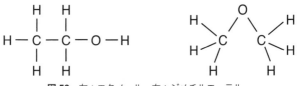

図50 左:エタノール,右:ジメチルエーテル.

び $\mathbb{C}$ 上の 2×2 行列の群であるリー群 **PSL**$_2(\mathbb{R})$ や **PSL**$_2(\mathbb{C})$ に似ている.ただし,$\mathbb{R}$ および $\mathbb{C}$ の代りに有限体 **GF**(p) が用いられている.すぐに,$n \geq 5$ の場合には交代群 **A**$_n$ は単純群であることが認識された.最小の非可換単純群は,位数 60 の **A**$_5$ である.そのつぎに小さい非可換単純群は,位数 168 の **PSL**$_2(\mathbf{GF}(7))$ である.

そのつぎに発見された単純群は,密接に関連した性質をもつどの族にも収まらないものだった.それらは,今では散在群と呼ばれている.1861 年,エミール・マシューは,最初の散在群である M$_{11}$ と M$_{12}$ を発見し,今ではそれらに彼の名を冠している.それぞれ 7,920 個と 95,040 個の元をもつこれらを構成する一つのやり方は,シュタイナー系として知られる組合せ論的構造を用いることである.たとえば,$(5,6,12)$ シュタイナー系は,12 個の元の集合における 6 元の部分集合の集まりで,すべての 5 元の部分集合は 6 元の部分集合のちょうど一つにだけ現れるという性質をもつ.このようなシュタイナー系は,同型を除いて,一つしかない.これを構成する一つのやり方は,11 を法とする整数 **GF**(11) から始めることである.11 は素数なので,**GF**(11) は有限体である.これに無限大 ∞ を 12 番目の点として追加する.これら 12 個の点は,射影直線と呼ばれる有限幾何を形成する.このとき,つぎのような 1 次分数変換という射影直線からそれ自体への自然な写像がある(これは $\mathbb{C}$ のメビウス変換のようなものである).

$$z \to \frac{az+b}{cz+d}$$

ただし,$a,b,c,d \in \mathbf{GF}(11)$ であり,$1/0$ は ∞ と解釈する.

ここで 6 元の部分集合を作るために,すべての平方数の集合

第 8 章 対称性の原子 155

$\{0, 1, 3, 4, 5, 9\}$ にすべてのとりうる 1 次分数変換を適用する. すると, それぞれが 6 個の元をもつ 132 個の部分集合が得られる. **GF**(11) の代数を用いると, 5 元の部分集合は, それぞれこれら 6 元の部分集合のちょうど一つだけに現れることが示せる.

マシュー群 M_{12} は, このシュタイナー系の対称変換群として定義することができる. この対称変換群は, 系のそれぞれの 6 元の部分集合をほかの 6 元の部分集合に写像する $\{0, 1, 2, 3, 4, 5, 6, 7, 8, 9, 10, 11, \infty\}$ の置換群である. M_{11} は, 一つの点を動かさない部分集合になる. マシューは, 同様のやり方でほかにも 3 個の散在単純群を見つけた. M_{24} は, $(5, 8, 24)$ シュタイナー系の対称変換群であり, M_{23} および M_{22} は, その部分群でそれぞれ 1 点および 2 点を固定するものである.

マシュー群は比較的大きい位数をもち, 紙と鉛筆でその元を列挙するには大きすぎる. しかしながら, 散在単純群の一般的な基準からすると, マシュー群はかなり小さい. 1973 年にベルント・フィシャーとロバート・グリースによって予言され, 1982 年にグリースによって構成されたモンスターの位数は

808017424794512875886459904961710757005754368000000000

すなわち, おおよそ 8×10^{53} 個の元がある. モンスターは, グリース代数という興味深い代数構造の対称変換群である.

こうした複雑さにもかかわらず, 初期に発見された群は, 単純群の完全な一覧において典型的なものである. 今では, すべての有限単純群はつぎのいずれかであることが分かっている.

- 素数位数の巡回群
- $n \geq 5$ の場合の交代群 $\mathbf{A}_n$
- $\mathbb{R}$ や $\mathbb{C}$ を有限体で置き換えた単純リー群に類似した 16 種

類の族．これらの群はリー型の群と呼ばれている．これらの族の多くは，それまでにも構成されていたが，シュバレーが新しい族につながる統一された記述を見つけた．16 種類のうち 9 種類の族は，今ではシェバレー群と呼ばれている．これらの定義は行列の群をもってきて体を変えるだけではないが，それが発想のきっかけになった．
- 26 個の散在群，それぞれがマシュー群のように一つかぎりである．

これら単純群の族の一覧それ自体に，とくに有益な情報はない．たとえばウィキペディアなど，インターネットで容易に詳細情報を見つけることができる．散在単純群の一覧を表 8 に示す．この表から，「散在」というのが的を射た名前であることが分かる．これらの群には，最後の二つの群を除いて，発見した人の名前がつけられている．

単純群の分類は，1955 年から 2004 年までの，最終的にはダニエル・ゴーレンシュタインの提唱したプログラムに沿った 100 人ほどの数学者の連携した取り組みによって得られたものである．すでに述べたように，さらに整理された証明も見つかっているし，さらなる簡略化も進行中である．この分類の純然たる複雑さとその壮大な証明は，数学の力とそれを実践する人々の献身と粘り強さの証である．それは，対称性の理解を進める中でのもっとも印象的な高みの一つである．

* * *

当初，有限単純群の分類は，それ自体が目的であった．その分類は，明らかに未来の数学者がそれを足場とする重要で基本的な

表 8 26 種類の散在有限単純群

記号	名称	位数
M_{11}	マシュー群	$2^4 \cdot 3^2 \cdot 5 \cdot 11$
M_{12}	マシュー群	$2^6 \cdot 3^3 \cdot 5 \cdot 11$
M_{22}	マシュー群	$2^7 \cdot 3^2 \cdot 5 \cdot 7 \cdot 11$
M_{23}	マシュー群	$2^7 \cdot 3^2 \cdot 5 \cdot 7 \cdot 11 \cdot 23$
M_{24}	マシュー群	$2^{10} \cdot 3^3 \cdot 5 \cdot 7 \cdot 11 \cdot 23$
J_1	ヤンコ群	$2^3 \cdot 3 \cdot 5 \cdot 7 \cdot 11 \cdot 19$
HJ	ホール–ヤンコ群	$2^7 \cdot 3^3 \cdot 5^2 \cdot 7$
HJM	ホール–ヤンコ–マッカイ群	$2^7 \cdot 3^5 \cdot 5^2 \cdot 17 \cdot 19$
J_4	ヤンコ群	$2^{21} \cdot 3^3 \cdot 5 \cdot 7 \cdot 11^3 \cdot 23 \cdot 29 \cdot 31 \cdot 37 \cdot 43$
Co_1	コンウェイ群	$2^{21} \cdot 3^9 \cdot 5^4 \cdot 7^2 \cdot 11 \cdot 13 \cdot 23$
Co_2	コンウェイ群	$2^{18} \cdot 3^6 \cdot 5^3 \cdot 7 \cdot 11 \cdot 23$
Co_4	コンウェイ群	$2^{10} \cdot 3^7 \cdot 5^3 \cdot 7 \cdot 11 \cdot 23$
Fi_{22}	フィッシャー群	$2^{17} \cdot 3^9 \cdot 5^2 \cdot 7 \cdot 11 \cdot 13$
Fi_{23}	フィッシャー群	$2^{18} \cdot 3^{13} \cdot 5^2 \cdot 7 \cdot 11 \cdot 13 \cdot 17 \cdot 23$
Fi_{24}	フィッシャー群	$2^{21} \cdot 3^{16} \cdot 5^2 \cdot 7^3 \cdot 11 \cdot 13 \cdot 17 \cdot 23 \cdot 29$
HS	ヒグマン–シムズ群	$2^9 \cdot 3^2 \cdot 5^3 \cdot 7 \cdot 11$
McL	マクローリン群	$2^7 \cdot 3^6 \cdot 5^3 \cdot 7 \cdot 11$
He	ヘルド群	$2^{10} \cdot 3^3 \cdot 5^2 \cdot 7^3 \cdot 17$
Ru	ラドヴァリス群	$2^{14} \cdot 3^3 \cdot 5^3 \cdot 7 \cdot 13 \cdot 29$
Suz	鈴木群	$2^{13} \cdot 3^7 \cdot 5^2 \cdot 7 \cdot 11 \cdot 13$
ONS	オナン–シムズ群	$2^9 \cdot 3^4 \cdot 5 \cdot 7^3 \cdot 11 \cdot 19 \cdot 31$
HN	原田–ノートン群	$2^{14} \cdot 3^6 \cdot 5^6 \cdot 7 \cdot 11 \cdot 19$
LyS	ライオンズ–シムズ群	$2^8 \cdot 3^7 \cdot 5^6 \cdot 7 \cdot 11 \cdot 31 \cdot 37 \cdot 67$
Th	トンプソン群	$2^{15} \cdot 3^{10} \cdot 5^3 \cdot 7^2 \cdot 13 \cdot 19 \cdot 31$
B	ベビー・モンスター	$2^{41} \cdot 3^{13} \cdot 5^6 \cdot 7^2 \cdot 11 \cdot 13 \cdot 17 \cdot 19 \cdot 23 \cdot 31 \cdot 47$
M	モンスター	$2^{46} \cdot 3^{20} \cdot 5^9 \cdot 7^6 \cdot 11^2 \cdot 13^2 \cdot 17 \cdot 19 \cdot 23 \cdot 29 \cdot 31 \cdot 41 \cdot 47 \cdot 59 \cdot 71$

情報であった．未来の数学者がその上に何を築くかは必然的に不透明であった．研究がどちらの方向に向かって進むか分かっていれば，それは研究とはいえないだろう．潜在的な応用についていくらかの見通しはあったが，有限単純群の分類が完成するまで，それは推測の域をでなかった．いまや，この分類を手中にしているので，応用がすでに現れてきている．単純群に明示的には言及しないような結果の証明の重要な一部分として，この分類が使われている．そのあるものは，群論以外の領域にある．

1983 年に，この分類はチャールズ・シムズが 1967 年に述べた予想を証明するために使われた．その予想は，原始置換群のある種の部分群の大きさの上限を与えるものである．その証明は，リー型の群についての詳細な情報を必要としたが，散在群との関係はなかった．

また別の応用としては，極大部分群に関する単純群と素数の間の結びつきがある．極大部分群は，もとの群よりも小さいが，もとの群との間にほかの部分群がないような部分群である．部分群の指数は，群の位数を部分群の位数で割った値に等しい．1982 年に，ピーター・キャメロン，ピーター・ニューマン，D.N. ティーグは，有限単純群の分類を用いて，与えられた大きさ x 以下で（$\mathbf{S}_n$ と $\mathbf{A}_n$ の指数 n を除いて）極大部分群の指数となる整数の個数は漸近的に $2x/\log x$ になることを証明した．これは，x が無限に大きくなると，この式に対する正確な個数の比が 1 に近づくという意味である．

誤り訂正符号との関連で計算機科学において急速に重要性が増している三つ目の応用は，エクスパンダ・グラフを主題とするものだ．グラフは，辺で結ばれた頂点の集まりである．グラ

フは，与えられた頂点の部分集合に対して，それに隣接するがその部分集合には属さない頂点の個数がこの部分集合の大きさに 0 でない定数を掛けた値以上であるならば，エクスパンダである．この部分集合はあまり大きくはなく，グラフ全体の頂点の個数の半分以下でなければならない．なぜなら，そうでなければ，隣接する頂点の個数が小さくなってしまうからである．エクスパンダ族は，すべて同じ定数をもつエクスパンダ・グラフの列で，グラフの大きさがいくらでも大きくなるようなものである．

ある時点で，多くのエクスパンダ族が存在することは知られていたが，その証明はランダム・グラフがエクスパンダ・グラフになる確率に基づいていて，実例を明示的に作りはしなかった．今や，有限単純群の分類定理によって，この状況は変わった．有限単純群に関連したある種のグラフがエクスパンダ・グラフになることが示せるのである．そのグラフはケーリー・グラフとして知られていて，群の生成元の集合の選び方に依存している．生成元とは，それらを掛け合わせることでほかのすべての元が得られるような群の元である．1989 年に，ラスロ・ババイ，ウィリアム・カントル，アレックス・ルボツキーは，任意の正定数に対して，ある数 k で，巡回群でないすべての有限単純群のたかだか k 個の生成元の集合のケーリー・グラフがその定数によってエクスパンダになるものが存在すると予想した．この予想は，マーチン・カッサボフが 2007 年に得た突破口を足掛かりとして，多くの数学者の協力によって証明された．

* * *

対称性の物語，そこから導かれる数学，そしてその結果得られ

た理論に基づく利用は，単純だが深遠な概念がいかにして途方もなく強力な理論と大きな科学的発展になりうるかを示している．しかしながら，当初の発想からその発展への道のりは，新しい分野へ一直線に突き進んだわけではない．それには，未知の分野への一時的な進出や，正しい感じのする多くのアイディアへの「直感に従った」追随，その価値を誰かが保証するまでの長い期間，そして，よい発想を認識する能力をともなう．その価値をいずれは証明するような直近の明らかな利用がなく，抽象的な一般論への長期にわたる逸脱もありうる．自然，科学，そして理論的な数学を合わせることで，私たちが住む世界に新しい知見を提供することができる．そして，なによりも対称性を理解するための探求は，いかに自然界の美が美しい科学と美しい数学につながるかという見事な例になっている．

訳者あとがき

本書は Ian Stewart 著 *Symmetry: A Very Short Introduction*（Oxford Univ. Press, 2013 年）の全訳である．

著者のイアン・スチュアートは英国ウォーリック大学数学科の名誉教授であり，これまでにも数学に関する啓蒙書を数多く執筆している．また，サイエンティフィック・アメリカン誌（邦訳は日経サイエンス）でのマーチン・ガードナーによる『数学ゲーム』の連載が終了したのち，約 10 年間に渡る連載で多くの娯楽数学愛好家たちを楽しませてきた．これらの書籍の多くは邦訳も発刊されているので，目にされた読者も多いことと思う．

このようにしてこれまでに紹介されてきた多くの主題の中でも，とくに対称性は著者のお気に入りの一つである．対称性という言葉は，一般には左右対称（線対称）や点対称などとして使われて視覚的なイメージが先行する．だが，本書を読んでいただくと分かるように，数学者は，対象のある種の性質が変わらないような変換として対称性を特徴づける．そうすることによって，たとえば平面上を埋め尽くす繰り返し模様や立体図形にも対称性が定義でき，さらには，図形以外にもゲーム，パズル，動物の歩の進め方にも対称性を見出すことができる．そして，その対称性の起源は，中学生なら誰もが知っている 2 次方

程式の解法に始まる方程式論であることが明らかにされる．

　対称性の実例としてそれぞれの章で紹介されているテーマは，詳しく書けばそれぞれが1冊の本になるほどの内容である．そのような数多くのテーマの本質的な部分を本書1冊に凝縮してわかりやすく紹介する腕前は，まさに著者の独擅場と言える．これらのテーマそれぞれについての詳しい解説は参考文献としてあげられているので，つぎには興味のあるテーマについての書籍へと読み進めていただくのがよいだろう．

　翻訳に際して，原著者のスチュアート教授には，いくつかの質問に対して電子メールですぐに返事をいただいた．心より感謝したい．また，第7章の素粒子論に関する説明では，信州大学全学教育機構の松本成司特任准教授に貴重な助言をいただいた．そして，日本語版の編集にあたっては，丸善出版株式会社の三崎一朗氏に大変お世話になった．これらの方々に感謝の意を表したい．

　本書で語られているように，数学においてはおおよそすべての分野に対称性が現れるのはいうまでもなく，身の回りで見かけるものから，果ては素粒子や銀河にいたるまで，対称性はさまざまなところに顔を覗かせる．本文では，つぎに虹を見たらプリズムではなく対称性を思い出そうと述べられているが，虹だけでなく，雪，波，砂漠，動物，貝殻，結晶をはじめとする自然が生み出すさまざまな創造物や，夜空にきらめく銀河，そして（簡単に見るわけにはいかないだろうが）素粒子を見たときにも，対称性に思いをはせていただきたい．

2017年盛夏

訳　　者

参考文献

インターネット

http://en.wikipedia.org/wiki/Symmetry
http://en.wikipedia.org/wiki/Galois_theory
http://en.wikipedia.org/wiki/Group_theory
http://mathworld.wolfram.com/GroupTheory.html
http://en.wikipedia.org/wiki/Wallpaper_group
http://xahlee.org/Wallpaper_dir/c5_17WallpaperGroups.html
http://www.patterninislamicart.com/
http://sillydragon.com/muybridge/Plate_0675.html
http://www.flickr.com/photos/boston_public_library/collections/
    72157623334568494/
http://www.apple.com/science/insidetheimage/bzreaction/images.
    html
http://en.wikipedia.org/wiki/Simple_Lie_group
http://en.wikipedia.org/wiki/List_of_simple_Lie_groups
http://en.wikipedia.org/wiki/Classification_of_finite_simple_
    groups
http://en.wikipedia.org/wiki/List_of_finite_simple_groups

書籍

Syed Jan Abas and Amer Shaker Salman. *Symmetries of Islamic Geometrical Patterns*, World Scientific, Singapore 1995.

R. P. Burn. *Groups: A Path to Geometry*, Cambridge University Press, Cambridge 1985.

John H. Conway, Hedie Burgiel, and Chaim Goodman-Strauss.

The Symmetries of Things, A. K. Peters, Wellesley, MA 2008.

Keith Critchlow. *Islamic Patterns*, Thames and Hudson, London 1976.

Harold M. Edwards. *Galois Theory*, Springer, New York 1984.

D. J. H. Garling. *A Course in Galois Theory*, Cambridge University Press, Cambridge 1986.

Martin Golubitsky and Michael Field. *Symmetry in Chaos* (2nd edn), SIAM, Philadelphia, PA 2009.

Martin Golubitsky and Ian Stewart. *The Symmetry Perspective*, Progress in Mathematics 200, Birkhuser, Basel 2002. (邦訳：山田裕康/髙松敦子/中垣俊之共訳『ゴルビツキー/スチュアート対称性の破れとパターン形成の数理』丸善, 2003)

Istaván Hargittai and Magdolna Hargittai. *Symmetry: A Unifying Concept*, Shelter Publications, Bolinas, CA 1994.

John F. Humphreys. *A Course in Group Theory*, Oxford University Press, Oxford 1996.

E. H. Lockwood and R. H. Macmillan. *Geometric Symmetry*, Cambridge University Press, Cambridge 1978.

Henry McKean and Victor Moll. *Elliptic Curves*, Cambridge University Press, Cambridge 1997.

Hans Meinhardt. *The Algorithmic Beauty of Sea Shells*, Springer, Berlin 1995.

Peter M. Neumann, Gabrielle A. Stoy, and Edward C. Thompson. *Groups and Geometry*, Oxford University Press, Oxford 1994.

Ernö Rubik, Tamás Varga, Gerazon Kéri, György Marx, and Tamás Vekerdy. *Rubik's Cubic Compendium*, Oxford University Press, Oxford 1987.

David Singmaster. *Notes on Rubik's Magic Cube*, Penguin Books, Harmondsworth 1981.

Ian Stewart. *Galois Theory* (3rd edn), CRC Press, Boca Raton, FL 2003. (邦訳：並木雅俊/鈴木治郎共訳『明解ガロア理論』講談社, 2008)

Ian Stewart. *Why Beauty is Truth*, Basic Books, New York 2007. (邦訳：水谷淳訳『もっとも美しい対称性』日経 BP 社, 2008)

Ian Stewart and Martin Golubitsky. *Fearful Symmetry : Is God a Geometer?*, Blackwell, Oxford 1992. Reprinted Dover Publications, Mineola, NY 2011. (邦訳：須田不二夫/三村和男共訳『対

称性の破れが世界を創る：神は幾何学を愛したか?』白揚社, 1995)

Thomas M. Thompson. *From Error-Correcting Codes Through Sphere Packings to Simple Groups*, Mathematical Association of America, Washington DC 1983.

Jean-Pierre Tignol. *Galois' Theory of Algebraic Equations*, Longman, Harlow 1987. (邦訳：新妻弘訳『代数方程式のガロアの理論』共立出版, 2005)

Hermann Weyl. *Symmetry*, Princeton University Press, Princeton, NJ 1952. (邦訳：遠山啓訳『シンメトリー』紀伊國屋書店, 1970)

索　引

欧数字

$\cong$　80
15 ゲーム　$\Rightarrow$ 15 パズル
15 パズル　89–90, 92–94
1 面体　95
2 面体　95
　　偶奇性　96
3 面体　95
　　三相性　97
$\mathbf{A}_5$　151–152, 155
$\mathbf{A}_n$　77, 81, 156
A_n　134
B　158
B_n　134, 135
B-Z 反応　128
CERN　139
C_n　134, 135
Co_1　158
Co_2　158
Co_4　158
$\mathbf{D}_4$　103
$\mathbf{D}_n$　52, 81
D_n　134, 135
$\mathbf{E}(2)$　136
E_6　134
E_7　134
E_8　134, 146
$\mathbf{E}(n)$　136
F_4　134
Fi_{22}　158
Fi_{23}　158
Fi_{24}　158
G_2　134
$\mathbf{GF}(11)$　155
$\mathbf{GF}(17)$　153
$\mathbf{GF}(p)$　38
$\mathbf{GF}(p^n)$　38
He　158
HJ　158
HJM　158
HN　158
HS　158
$\mathbf{I}$　64, 81
J_1　158
J_4　158
Lcyc　111
LyS　158
M　158
M_{11}　155, 158
M_{12}　155, 156, 158
M_{22}　156, 158
M_{23}　156, 158
M_{24}　156, 158
McL　158
M 理論　146
NGC 1300　124
NGC 7137　125
$\mathbf{O}$　64, 81

O(2) 54, 81
O(3) 68, 81
ONS 158
Pitx2 110
PSL$_2(p)$ 154
$\mathbb{R}^2$ 136
Ru 158
S$_{16}$ 92
$\mathfrak{sl}_{n+1}(\mathbb{C})$ 135
S$_n$ 74, 81, 85, 153
SO(2) 54, 81, 140, 146
$\mathfrak{so}_{2n+1}(\mathbb{C})$ 135
$\mathfrak{so}_{2n}(\mathbb{C})$ 135
SO(3) 68, 81, 132–133
SO(32) 146
$\mathfrak{sn}_{2n}(\mathbb{C})$ 135
SU(2) 145
SU(3) 144, 145
Suz 158
T 64, 81
Th 158
U(1) 143, 145, 146
Vg1 110
Z$_3$ 78
Z$_n$ 52, 81, 87
Z$_p$ 154

あ 行

アーベル, ニールス・ヘンリック 2, 34, 49
アイソスピン 144
アインシュタイン, アルベルト 1, 130
アフリカツメガエル 110
天の川 125
誤り訂正符号 159
アリストテレス 27
アルハンブラ宮殿 28–29
位数
　群の— 49
　元の— 82–83
位相
　—のずれ 113
位相幾何学 44–47
イデアル 134
ヴァルガ, タマス 98
ウィッテン, エドワード 146
ヴィルティンガー表示 47
ヴェカルディ, タマス 98
運動量 131
映進 ⇒ 並進鏡映
エイバス, シェド・ジャン 29
エタノール 154
エネルギー 131
エルランゲンの目録 44
演算表 78
オイラー, レオンハルト 100–102
オウムガイ 106
オメガ・マイナス 144

か 行

回転 22, 51
回転数 46
回転波 129
カイラリティ 30–31
ガウス, カール・フリードリッヒ 39, 153
可換則 38, 49
角運動量 131
駈歩 111, 115
火線 9
カッサボフ, マーチン 160
壁紙 54–58
ガロア
　—群 37
　—体 38–40
　—理論 32–37

ガロア, エヴァリスト 2, 34-36, 154
環 40
関数 22
 固有— 140, 142
 二重周期— 42
 ハミルトン— ⇒ ハミルトニアン
 量子波動— 140
カントル, ウィリアム 160
完面像点群 ⇒ 結晶点群
幾何
 位相— 44
 射影— 44
 双曲— 43-44
 メビウス— 44
 ユークリッド— 44
軌道 103
 の数え上げ定理 ⇒ バーンサイドの補題
既約 141
逆元 48
キャメロン, ピーター 159
キュリー, ピエール 30
鏡映 24, 51
 並進— 51
共役 99
共役類 83-84
行列
 シンプレクティック— 135
 反対称— ⇒ 歪対称行列
 複素歪対称— 135
 歪対称— 133
キリング, ウィルヘルム 134
銀河 123-125
 渦巻— 124
 回転花火— 124
 棒渦巻— 124
偶奇性 74-77, 85, 93

クォーク 139
クライン, フェリックス 2, 44
グラショー, シェルドン 145
グラフ
 エクスパンダ・— 159-160
 ケーリー— 160
グリース代数 156
グリース, ロバート 156
グリュンバウム, ブランコ 28
グルーオン 139, 148
群 26, 35
 アーベル— 49
 オナン-シムズ— 158
 可換— 49
 ガリレイ変換— 136
 ガロア— 37
 基本— 44-47
 空間— 71
 ゲージ対称変換— 143
 結晶— 69-74
 原始置換— 159
 交代— 77, 151, 156
 コンウェイ— 158
 散在— 155-157
 散在単純— 150
 シュバレー— 157
 巡回— 52-53, 154, 156
 商— 84-87, 151
 鈴木— 158
 正20面体— 67-68
 正4面体— 64-65
 正8面体— 65-67
 正規部分— 84-87, 151
 対称— 74
 対称変換— 26, 36, 84, 92, 142
 単純— 149-160
 置換— 2, 74-77
 抽象— 47-49

直交— 54, 68
　　特殊直交— 54, 68
　　トンプソン— 158
　　二面体— 52-53
　　原田-ノートン— 158
　　ヒグマン-シムズ— 158
　　フィッシャー— 158
　　部分— 53, 80-82, 151
　　ヘルド— 158
　　ホール-ヤンコ— 158
　　ホール-ヤンコ-マッカイ—
　　　158
　　マクローリン— 158
　　マシュー— 155-156, 158
　　ヤンコ— 158
　　ユークリッド— 136
　　ライオンズ-シムズ— 158
　　ラドヴァリス— 158
　　リー型の— 157
　　ルービック— 96
　　ローレンツ— 137
ゲージ 143
結合則 48
結晶
　　塩 29
　　準— 73
　　雪 126-127
結晶学 29-30
結晶点群 57
ケプラー, ヨハネス 73,
　126-127
ケリ, ゲラゾン 98
ケルビン卿 30
原子 137, 149
元素 149
弦理論 146
交換子 133
交叉数 75
格子 56-58

　　三斜— 69
　　斜方— 58
　　正方— 58, 69
　　体心正方— 69
　　体心直方— 69
　　体心立方— 69
　　単斜— 69
　　長方— 58
　　直方— 69
　　底心単斜— 69
　　底心直方— 69
　　ブラヴェ— 69-71
　　面心長方— 58
　　面心直方— 69
　　面心立方— 69
　　立方— 69
　　菱面体— 69
　　六方— 58, 69
光子 138, 139
ゴーレンシュタイン, ダニエル
　157
互換 93
コシエンバ, ハーバート 100
コペンハーゲン解釈 142
ゴルビツキー, M. 116
コンドライト隕石 74

さ 行

砂丘 117-123
　　横列— 118, 122
　　縦列— 118, 122
　　バルカノイド— 119, 122
　　バルハン— 119, 122
　　放物線型— 119, 122
　　星型— 119, 122
ザボチンスキー 128
サラム, アブドゥス 145
サルマン, アメール・シェイカー
　29

三相値 97
シェヒトマン, ダニエル 73
自転車 7-8
シムズ, チャールズ 159
ジメチルエーテル 154
射影直線 155
写像
　　準同型— 84-87
斜対歩 111
ジャンケン 13-17
シュウィンガー, ジュリアン 143
周期性 41-43
襲歩 111, 115
　　回転— 115
　　交叉— 115
重力 138, 145
　　超— 148
重力子 148
主虹 11
シュタイナー系 155
シュリカンデ, シャラダチャンドラ・シャンカー 102
シュレーディンガー
　　—の猫 142
巡換 77
晶系
　　三斜— 69
　　三方— 69
　　正方— 69
　　単斜— 69
　　直方— 69
　　ブラヴェ— ⇒ ブラヴェ格子
　　立方— 69
　　六方— 69
焦線 ⇒ 火線
小方体 95
　　偶奇性 95

小面 95
ジョルダン–ヘルダーの定理 153
ジョンソン, ウィリアム 92
シングマスター, デビッド 98
振動
　　固有— 141, 142
　　ゼロ— 141
数独 90-91, 100-103
　　—方陣 102-103
スタンフォード, リーランド 113
ストーリー, ウィリアム 92
正 17 角形 153
正規性 86
正弦曲線 11
跡 135
相互作用
　　強い— 138
　　弱い— 138
側対歩 111, 115

た 行
体 39
対称
　　左右— 107, 109-111
対称性
　　鏡映— 20, 129
　　空間— 113
　　時間並進— 113
　　超— 146
対称変換
　　—群 36
ダイソン, フリーマン 143
タイル張り 28
楕円関数 40-44
卓越風 117
ダビッドソン, モーレー 100
多面体
　　正— 61-68

タリー，ガストン 101
単位元 48
置換 36, 74–77, 92
　　　奇— 76, 93
　　　偶— 76, 93
　　　巡回— ⇒ 巡換
地球 127
チャップマン，ノイス・パーマー 89
抽象代数 38–40
中枢性パターン生成機構 114–117
中性子 143
チューリング，アラン 127
超弦理論 145–146
跳躍 111, 115
ティーグ，N.G. 159
ディンキン図形 133–136
デービス，トム 98
デスリッジ，ジョン 100
電弱統一理論 145
電磁力 138
同型 40, 78–80
朝永，振一郎 143
トレース ⇒ 跡
ドロップ 54

な 行
波 11–12
常歩 111, 115
虹 8–11
ニュートリノ 138
ニューマン，ピーター 159
ネーター
　　　—の定理 131, 145
ネーター，エミー 131

は 行
場
　　　電磁— 138
　　　量子— 138
パーカー，アーネスト・ティルデン 102
バーンサイド
　　　—の補題 103–104
ハイパーチャージ 144
パスツール，ルイス 30
八道説 143–144
バックミンスターフラーレン 31
パトシス，パノス・A. 125
ババイ，ラスロ 160
ハミルトニアン 137
ハミルトン，ウィリアム・ローワン 136
速歩 111, 115
ビオ，ジャン＝バティスト 30
非対称性原理 30, 119
標準模型 139
ビンディ，ルカ 73
ファインマン図 147–148
ファインマン，リチャード 143, 147
フィッシャー，ベルント 156
フーリエ解析 140–141
フェドロフ，エヴグラフ 56
フォン・ノイマン，ジョン 13–14
副虹 11
不変量 93–95
　　　位相— 45
フリーズ模様 54
ブレーン 146
分配則 38
分離定理
　　　有限単純群の— 150, 156–160
平行移動 50
並進 ⇒ 平行移動

並進鏡映 51
ペヴィー，チャールズ 89
ベッコウシリアゲ ⇒ ヤマトシリアゲ
ベビー・モンスター 158
ペレスゴメス，ラファエル 28
ベローゾフ，ボリス 128
変換 22
  対称— 24
  等長— 23, 50–52
  メビウス— 42–44
変形
  連続— 44
ベントレー，ウィルソン 126
ペンローズ，ロジャー 73
ポアンカレ，アンリ 37, 45, 46
方陣
  数独— 102–103
  ラテン— 100–102
方程式
  2次— 32
  5次— 2
  シュレーディンガーの— 142
  反応拡散— 128
  量子場の— 142
  —論 32–37
ホーキング，スティーブン 148
ボース，ラジ・チャンドラ 102
ホール，レオン 8
補空間 46
ボスパズル ⇒ 15パズル
ホソバウンラン 111
保存量 131
ホモトープ 45
ホモトピー類 45–46
歩容 111–117
歩様 ⇒ 歩容
ポリア，ジョージ 56

ま 行

マイブリッジ，エアドウェアード 113
マシュー，エミール 155
魔方陣 100–101
マルクス，ギオルギー 98
ミスティックスクエア ⇒ 15パズル
ミニマックス
  —戦略 14–17
  —定理 14
ミューラー，エディス 28
結び目
  —図式 47
  —理論 44–47
メイナード，ハンス 128
メンデレーエフ
  —の周期表 138, 149
メンデレーエフ，ドミトリ 138
モード干渉 117
モルゲンシュテルン，オスカー 13
モルフォゲン 128
モルフォ・ディディアス 106
モンスター 156, 158
モンテシノス，ホセ・マリア 28

や 行

ヤマトシリアゲ 111
ユークリッド 6, 17–21
ユニタリー性
  —の手法 146–148
陽子 143
陽電子 138

ら 行

ライス，マサイアス 89
ライデマイスター，クルト 46
ラグランジュ

—の定理　81–82
　　　—の分解式　33
ラグランジュ, ジョゼフ・ルイ
　33–34
螺旋
　　対数—　107, 123
リー環　⇒ リー代数
リー群
　　例外型—　146
リー群論　132–136
リー, ソフス　132
リー代数　133
　　実—　133
　　特殊線形—　134
　　複素—　133
　　複素単純—　133
粒子　137–140, 142
　　W ボース—　139
　　Z ボース—　139
　　グザイ—　143
　　シグマ—　143
　　タウ—　139
　　ヒッグス—　140
　　フェルミ—　139
　　ボース—　139
　　ミュー—　139

　　ラムダ—　143
量子色力学　146, 147
量子数　145
量子電磁気学　143
量子力学　142
ルート系　134
ルービック, エルノー　90, 98
ルービックキューブ　90, 94–100
ルフィーニ, パオロ　34
ルボツキー, アレックス　160
レプトン　139
ロイド, サム　92
ローレンツ, ヘンドリック　137
ロキッキ, トーマス　100
ロバの橋　17–21
ロマーノ, D.　116

わ 行

ワイルズ, アンドリュー　41
ワイル, ヘルマン　143
ワインバーグ, スティーブン
　145
ワゴン, スタン　8
ワッカー, マシュー　126
ワン, Y.　116

訳者紹介
川辺治之(かわべ・はるゆき)
1985年東京大学理学部数学科卒業.日本ユニシス株式会社総合技術研究所上席研究員.訳書は『群論の味わい』『迷路の中のウシ』(共立出版),『この本の名は?』(日本評論社),『スマリヤン記号論理学』(丸善出版)など多数.

サイエンス・パレット 035
対称性 —— 不変性の表現

平成 29 年 9 月 30 日 発 行

訳 者 川 辺 治 之

発行者 池 田 和 博

発行所 丸善出版株式会社
〒101-0051 東京都千代田区神田神保町二丁目17番
編集:電話 (03) 3512-3266／FAX (03) 3512-3272
営業:電話 (03) 3512-3256／FAX (03) 3512-3270
http://pub.maruzen.co.jp/

© Haruyuki Kawabe, 2017

組版／中央印刷株式会社
印刷・製本／大日本印刷株式会社

ISBN 978-4-621-30203-3　C 0341　　Printed in Japan

本書の無断複写は著作権法上での例外を除き禁じられています.